さわるようにしくみがわかる

コンピュータのひみつ

原田康徳

技術評論社

プロローグ

未来はどうなるの？

おはようございます、はかせ。

おはよう。どうしたんだい、困ったような顔をして。

実は学校でへんな宿題が出て……。未来について作文を書かなくちゃいけないんだけど。これからの未来はどうなっていくの？　はかせ教えて。

うーん、未来か。一言で言えない問題だね。僕が教えたことをそのまま書いちゃ、かなちゃんの宿題にならないよね。かなちゃん自身で未来を考えられるようにヒントを教えることしかできないなあ。

そんなこと言わないで、手っ取り早く教えてよ。はかせは未来のことならなんでもわかるんでしょ？

バカ言っちゃいけない。未来のことを考えるのは難しいんだよ。特に最近は予想がつかないね。僕がかなちゃんくらいの歳の頃、10年でそんなに大きな変化はなかったんだ。世の中はゆっくりと変わっていった。ところが、最近は違う。10年前に今の時代を予想できたかというと、そうでもない。たとえば、スマホ。今はなくてはならないものだけど、iPhoneが登場したのは大体10年ほど前なんだよ。それがこんなに生活に不可欠になるとはね。それからコンピュータが将棋や囲碁でプロ棋士を破ったこと。これも、いつかはコンピュータが勝つ時代がくるだろうとは思われていたけど、こんなにかんたんに破られるとは誰も思っていなかった。
10年前に戻って今を予想するのが難しいのだとすると、今から10年後のことを予想するなんてもっと難しいよね。変化はどんどん早くなってきているから。

そうなの？　スマホはもっと昔からあったんだと思ってた。10年だったら私より若いんだね。じゃあ、どうしたらいいの？　未来のこと。作文はそんなに分量は多くなくてもいいんだけど。

どうしてこんなに急激に世の中が変わるのか。その秘密については教えられるよ。

えー、教えて教えて！　それを作文に書く。

それの鍵を握っているのは、コンピュータなんだ。

あ、ええ。それはわかってますよ。えっと、スマホもコンピュータなんだよね。あとは、ゲーム機もコンピュータ。

そう、ほかにもいろんなコンピュータがあるよ。いろんなものの中にコンピュータが入っていて、それっぽく見えないのもある。テレビにもコンピュータが入っているし、電気自動車もコンピュータだね。

それがどうして、世の中が急激に変わる原因なの？

それについて知るには、まず、コンピュータのしくみをきちんと知らなくちゃいけないよ。ただ漠然としたイメージだけではダメなんだ。
まずは、コンピュータってなんだと思う？

ええ!?

登場人物

かなちゃん
中学２年生の女の子。
めんどうなことがちょっぴり苦手。

はかせ
かなちゃんの家の近所に住んでいるコンピュータの博士。遠い親戚らしい。

目次

第1章

コンピュータってなに？

コンピュータってなんだと思う？

うーん、こういうスマホみたいなもの。英語だよね。

そう、日本語で言うと「計算機」ってことだ。計算する機械ということ。

計算がどうしてゲーム機やテレビや電気自動車と関係するの？　私、小５の算数までは計算が得意だったのに、６年になって急に苦手になっちゃった。

それはたいへんだ！　でも、安心して。コンピュータの計算というのは、小学校の算数よりもずっとかんたんなんだから。

ほんとに？　それだったら、ついていけるかも。

まずは、トランプで遊んでみようか。

突然だね。

ここに５枚のトランプがあるよ。ハートの１から５までの５枚。このカードを小さい順に並べるという遊びだよ。

え？　そんなのかんたんじゃん！　こうして、こうしてこう。ほらできた。

そう。かんたんだよね。でも、これから説明するルールでやってもらうとけっこう難しいんだよ。それが「コンピュータって何か」を考えることなんだ。

コンピュータって何か？　コンピュータってこういうことがすごく得意そうな気がするけど。私がやるよりもあっという間に並べてくれるんじゃないの？

さあ、実際はどうかな？　まずは、かなちゃんがさっきどうやって小さい順に並べたのかをちょっと考えてみようか。

まず５枚のカードの中で１番小さな数はハートの１だからそれを左に置いて、それからハートの５は１番大きな数だから右側に置いたよ。

どっちの手を使った？

ハートの1は左手で、ハートの5は右手でもって。

両手で！　それから？

次に大きいのが4だから、それを5の隣に置いて。

残ったのは2と3で、3のほうが大きいから、4の隣に置いて、残りの2も置いてできあがり。

右手と左手を同時にやったのを1ステップと考えたら、全部で3ステップでできたということだね。すごいすごい。

でもコンピュータはもっとすごいじゃん。この前、都道府県の人口一覧の表をコンピュータで見てるときに、ボタンを押したらすぐに人口の多い順に並べてくれたよ。これは5枚のカードだから私でもかんたんだったけど、47もあったらけっこう時間がかかるんじゃない?

そうだよね。じゃあ次はコンピュータのやり方でやってみよう。まずはカードを全部裏返して。バラバラに置くよ。

えー、裏返すの?

かなちゃんはどれか好きな2枚のカードを指差してね。僕はそのカードをかなちゃんにわからないように見て、どっちのカードのほうが数が大きいか、もしくは小さいかを教える。そのヒントだけで、小さい順に並べ替えてみよう。机の上はどのように使ってもいいよ。

えー、そんな急に難しくなって。

まあいいから。やってみようよ。

はーい……。じゃあまず、これとこれどっちが大きい?

どれどれ、こっちのカードが大きい。

じゃあ、小さいほうは左に、大きいほうは右に置いて、と。このカードとこのカードは？

えーと、こっちのカードが大きい。

小さいのがこっちで大きいのがこっちだね。

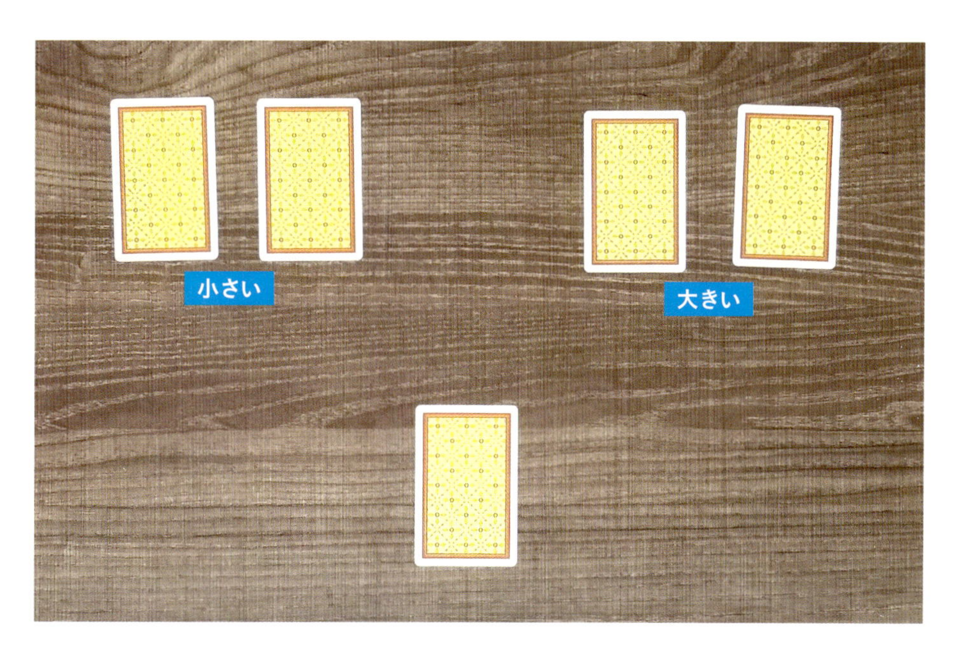

じゃあ大きいほうの２枚、どっちが大きい？

おおー。それはこっちが大きい。

それがいまのところ1番大きなカードだね。これと残ったもう1枚と比べたら？

はい、それはこっちが大きい。

1番大きなカードがわかった！　このカードは右端に置いておこう。

小さいほうの２枚のカードはどっちが小さい？

なかなかやるね。それはこっちが小さい。

まだこの真ん中のカードと比べてないから、これと小さいほうを比べたら？

こっちが小さい。

これで１番小さいカードもわかった。それを左端に置いて。

あと３枚だね。

３枚だとかんたんだね。これとこれはどっちが大きい？

こっち。

残りの１枚と比べたら？

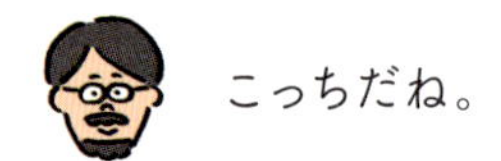

こっちだね。

これが2番目に大きなカードだね。たぶん、ハートの4だよ。

そうかもね。

残った２枚はどっちが大きい？

こっち。

はい、これでできあがり。意外と楽しかったかも。

おつかれさま。じゃあ見てみようか。ジャーン。

わーい合ってた。けっこう、頭を使うんだね。

おめでとう。全部で何ステップだったかな？

えー！？　そんなの覚えていないよ！

9回質問してたよ。

そんなに！？　カードを表にしたら3ステップだったのに。

何が違うんだろう。かなちゃんは最初に1番大きなカードと1番小さなカードを両手を使って動かしていたね。見ててすごいと思ったけど。人間は5枚のカードから1番大きな数や1番小さな数を見つけるのは一瞬でできるから、それを右手と左手で同時に動かすこともできるんだね。

そうだね。でもコンピュータだって1番大きな数を探すのは一瞬でしょ？

まあ人間からすると一瞬といえば一瞬なんだけど、コンピュータの時間で見るとそうでもないんだ。かなちゃんは4回質問して1番大きなカードがどれかわかったよね。

それはカードを裏にして、2つの数を比べることしかできないというルールだったからだよ。

うん。実はコンピュータというのはそうやって動いているんだ。コンピュータは2つの数の大きさを比べることしかできない。人間だったら少し大きい・すごく大きいといった、違いの程度もわかるよね。ところが、コンピュータは数が近いとかすごく離れてるとかもわからなくて、ただただどっちが大きいかしかわからない。それも、2つの数字に対してだけだよ。

えーそうなの？　じゃあ人口の多い順に並べられたのは？

ただひたすら数の比較を繰り返しただけなんだ。試しにやってみる？　1から47の数字が書かれた47枚のカードを裏返して大きい順に並べ替えるの。

えー無理。きっと1時間じゃ終わらないでしょ。

たった5枚でも9ステップもかかるんだから、47枚だと、数百ステップになるんじゃないかな。ところが、コンピュータは僕たちの想像以上に速く動くから、一瞬でできるように見えるんだよね。

なんというか……。すごいのかすごくないのかわからなくなってきた感じ。

そう。そこを知ってほしかったんだ。コンピュータのすごさの秘密だよ。コンピュータはすごく単純なことしかできない。だけどとんでもなく速く動くからすごいんだ、ということをね。

ところで、さっきの5枚のカードを並べるとき、コンピュータのやり方でやったらすごくつかれなかった？

うん、数が見えないからけっこう頭を使ったと思う。

だよね。ところがコンピュータが動くってのはそんな風に頭を使っているわけではないんだ。

じゃあ、次の問題。

えー……。

いまやったやり方で、最初にどう並んでいてもうまくいくような必勝法を見つけてほしいんだ。必勝法を紙に書いて、それを読んだ人なら誰でも同じやり方ができるようにね。その人が途中で困っても質問禁止だよ。困らないように最初に紙に全部書かなきゃない。

さっきやったのはこうだったね。

・2枚を比べて、大きいのと小さいのに分ける
・もう2枚を比べて大きいのと小さいのに分ける
・大きいほうの2枚を比べて、より大きいほうと残った1枚を比べる

⇒１番大きなカードがわかる

・小さいほうの２枚を比べて、より小さいほうと残った１枚を比べる

⇒１番小さなカードがわかる

・残った３枚のうち、２枚を比べて、大きいほうと残った１枚を比べる

⇒２番目に大きなカードがわかる

・残った２枚を比べる

⇒順番どおりに間に入れる

おおすごいね。よくできた。それじゃあ、もう少し難しいことを考えてみようか。今は５枚だったけど、どんな枚数でもできるようにするにはどうする？

「どんな枚数でも」って、急に難しくなった。

じゃあ、まずたくさんのカードの中から１番大きなカードを選ぶというのはどうかな？

それならできそう。テニスやサッカーの試合でよくやっている、トーナメント戦で１位を決めればいいんじゃないかな。カードを２枚ずつペアにして、それぞれ大きいのと小さいのに分ける。大きなカードの集まりからまた２枚ずつペアにして、分ける。そうやっていけば最後は１番大きなカードがわかるよ。

すごいすごい。

こっちには小さいほうのカードが半分あるから、それも小さいほうのトーナメントにすれば、１番小さなカードも見つかるね。

それはいい視点だね。これで全体から１番大きなカードと１番小さなカードが見つかったよ。それを取り除いて残りのカードも考えよう。

まだまだ先は長いなあ。たった２枚がわかっただけだから。

そうなんだけど、カードの山は2枚少なくなっているから、もう1回同じことをやると、さらに2枚少なくなるよね。そうやって何度も1番大きなカードと1番小さなカードを探して取り除いていけば、最後はなくなるよ。

たしかに。でもすごく時間がかかりそう。

それは人間がやるからだよ。さっきコンピュータはものすごく速いって言ったでしょ。実はこれくらいのことだったら一瞬でやれちゃうからね。
必勝法にはいろいろあって、実はかなちゃんの方法より速いものもあるんだよ。どうしてもパズルみたいに最短手順で解きたいって思っちゃうけど、下手に短くしようと思うとミスをする可能性が増えてしまう。必勝法を考えるときは速く終わらせようとは考えずに、まずは確実にできる方法を選ぶのがいいね。動かしてみて、もっと速くしたくなったときだけ考えればいいんだよ。
じゃあ、今日は終わり。

なんとかついていけたかも。でも、これが未来のことにつながるとは思えないし、なんか毎日通わないと教えてもらえない感じ。とほほ……。

人間が何気なく一瞬でできてしまうこと（1番大きな数を探す）でも、コンピュータには、小さなステップ（2つの数を比べる）を必勝法にしたがって組み合わせることでしか行えません。コンピュータのやり方のほうが手順が多くてたいへんです。しかし、コンピュータはとても高速につかれることなくやってくれますから、人間よりうまくやっているように見えるのです。

「必勝法」のことを、**アルゴリズム**と言います。アルゴリズムはプログラムの骨格で、プログラムはアルゴリズムにしたがって作られます。

いろいろなアルゴリズムの中にも、カードが増えてもステップ数がそんなに増えないとか、大量のカードを狭い机の上で並べ替えられる、といった「良いアルゴリズム」があります。もちろん、コンピュータの専門家になるには良いアルゴリズムが作れなければいけませんが、このトランプ遊びではアルゴリズムの良さはそれほど重要視していません。それよりも間違えないことが大事です。いくら高速に動いても、間違えた答えを出してしまったら意味がないですからね。

第2章

コンピュータが計算できるしくみ

はかせこんにちは。コンピュータの話の続きを聞かせて！

こんにちは、かなちゃん。今日はコンピュータに計算をさせてみよう。

コンピュータは計算が得意だよね。きっと、私よりずっとすごい計算ができるんだろうなあ。

さあ、どうだろう。じゃあさっそく、コンピュータのやり方で計算するってどういうことかをやってみるよ。
ここにコインがある。コインじゃなくてもいいけど、同じ形で重ねて置けるもの。数は多いほど面白いけど、今日は5枚にしよう。それから、横に並んだマス目を5つ、紙に書いてね。マス目はコインが1つ入る大きさで。

僕は右端のマス目に1枚ずつコインを置いていくから、かなちゃんにはあるルールにしたがってコインを動かしてほしいんだ。そのルールは「コインが2枚重なったら1枚は元の山に戻して、もう1枚を左に進める」ということ。いいね？

うん。なんとなく。

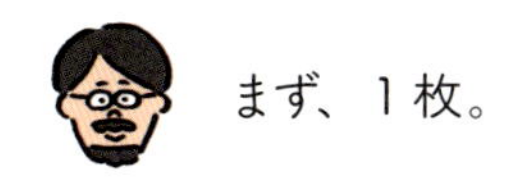

まず、1枚。

そしてもう1枚置く。

コインが2枚重なったから、1つ戻して、1つは左に進めるんだね。

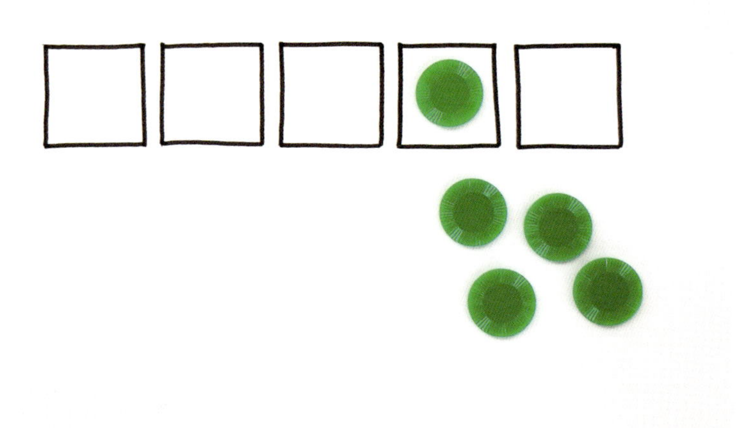

じゃあ、もう1枚置くよ。

重なっていないので何もしない。

さらにもう1枚置くよ。これで僕は4枚置いたことになるけど。

２枚重なったから、１つ戻して、１つは左に進めて。

また重なったから、１つ戻して、左に１つ進めて。

１枚だけになっちゃった。

おお、いいね。じゃあ、5枚目、6枚目、7枚目。

もうちょっとゆっくりやろうよ……。

8枚目を置くよ。

重なったので隣に行って、重なったので隣に行って、重なったので隣に行って……。

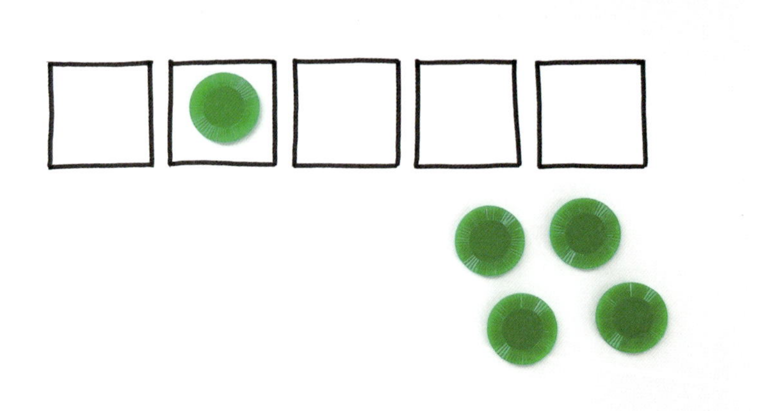

また1枚だけになっちゃった。これでいい？

いいね。じゃあ、ここで問題を出します。コインが最初に隣のマスに進んだのは2枚目のとき、3つ目のマスに進んだのは4枚目のとき、4つ目のマスに進んだのは8枚目のときでした。では、5つ目のマスに進むのは何枚目のときでしょうか？

ええと、2、4、8と、2倍ずつ進んできたからたぶん16じゃない？

やってみよう。9、10、11、12、13、14、15。

けっこうたいへんだね。15でコインが4つ並んだよ。

これに1枚増やすと16枚目だから……。

やった！　当たりだね。

じゃあもう１つマス目を追加して、６つ目に進むには？

16の２倍だから32かな。

たぶんそうだけど、確認してみたかったら自分でやってみてね。僕はすごく時間がかかったけど10番目のマスまでやったことがあるよ。

うわあ。10番目だといくつなんだろう。

それは後で教えるよ。じゃあ次の問題。このコインの並び方になるのは何枚目のときでしょうか？

えーと、たしか３だったはず。

正解。じゃあ６枚目のときはどんな並びになる？

うーん。そういえばさっき７のときはコインが３つ並んでいたっけ。

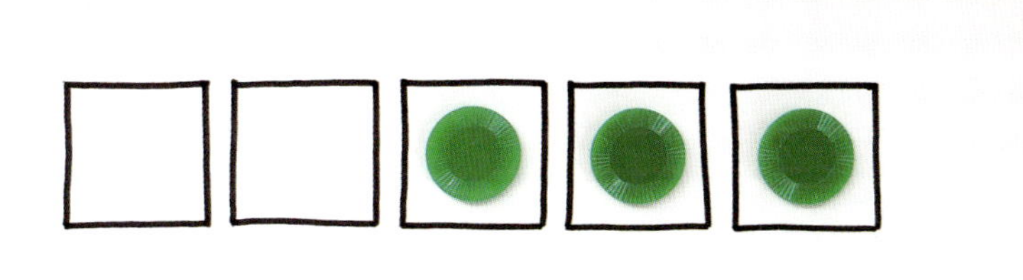

そこから１つ戻ればいいから……。こんな感じじゃないかな。

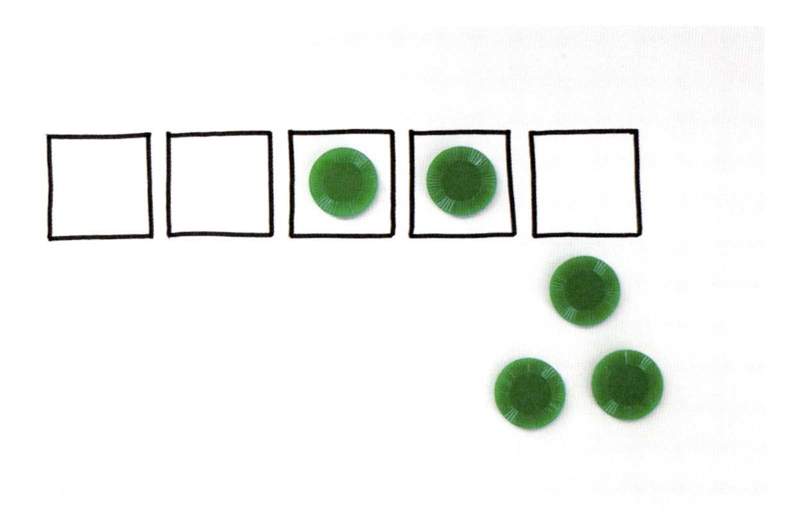

逆からきたのか。もし自信がなければ最初から順番にやってみるといいね。6くらいならすぐにできると思うよ。

でも、だいぶ覚えてきたかも。

もっとやりやすい方法を教えるよ。このマス目の下に数字を書くんだ。右から1、2、4、8、16だよ。この数は最初にそこにコインが置かれたときの数だね。

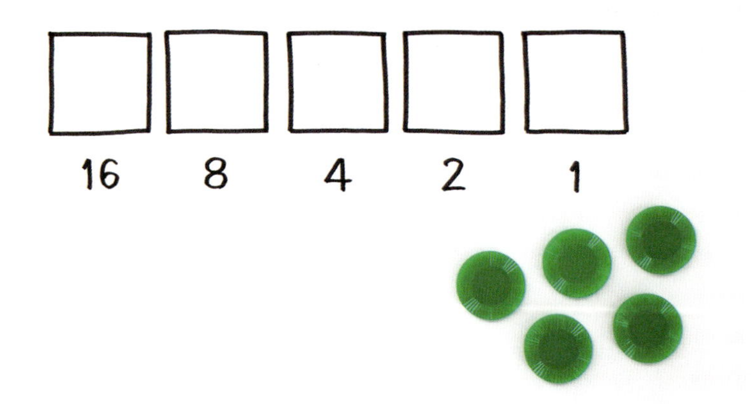

さっきの6は、ここに出ている数字に分解すると4＋2だから、4と2のところにコインを置いて……。

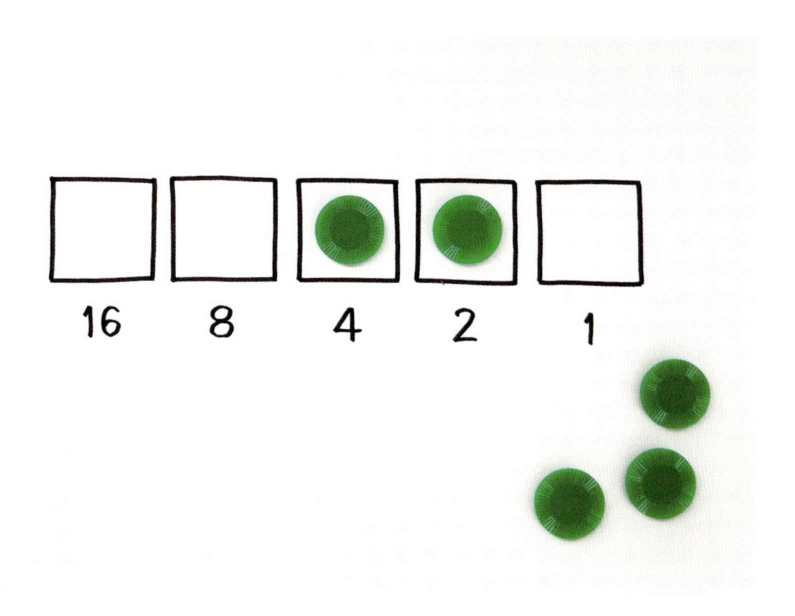

ほら！　同じになったでしょ。

すごい！

じゃあ、5つのマス目と、5枚のコインでいくつの数まで表せられると思う？

えーと、マス目全部にコインを入れたときが1番大きい数で、6桁目に進むのが32だから、その1つ前の31でしょ。

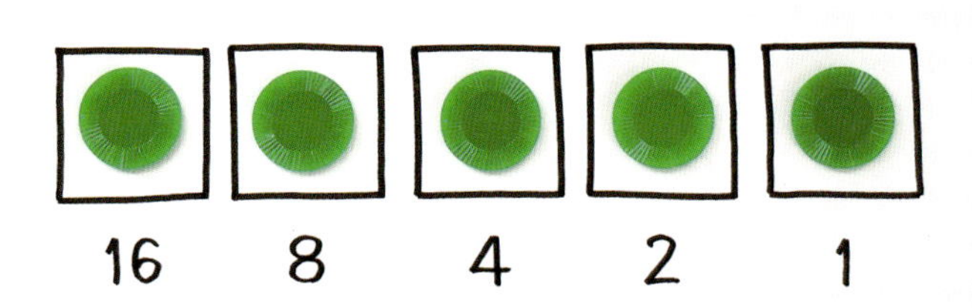

すごい計算方法だね。そのとおり。でももっと単純に、16＋8＋4＋2＋1を計算してもいいよ。16＋4で20、8＋2で10、あと1が残っているから31。こうやって、マス目にどんな風にコインを並べるかでそれに対応する数が決まるんだ。逆に、数を決めればコインの並べ方が決まる。どちらも1対1で対応している点が重要なんだ。たとえば、10を表すコインの並べ方は1通りだけだし、1から31までに、コインを並べて表せられない数はない。だから、数を表すために、数字を並べるんじゃなくて、コインをマス目に入れてもまったく同じ結果になるということなんだ。だけど、たった5枚のコインだけで31まで数えられるってすごいよね。

うん、意外だった。

コインが入っているマス目を1、入っていないマス目を0と書くことにすれば、1、2、3を

00001
00010
00011

のように書けるね。これは**2進法**という数を表す方法なんだ。僕たちが普段使っているのは10進法だよ。0から9までの10種類の文字で数を表しているよね。

そういえば、コンピュータは0と1だけで動いているって聞いたことがある。

そういうこと。ちょっと脱線するけど、最初のルールで「コインが2枚重なったら」としていたけど、ここを「3枚重なったら」に変えると、3進法になる。3進法はそれぞれのマス目で、コインがない（0）、コインが1枚（1）、コインが2枚（2）なので、0と1と2の3種類の文字で数を表すんだ。それから、「4枚重なったら」だと4進法だ。4種類の文字を使って表す。もちろん「コインが10枚重なったら」にすれば10進法になるよ。10進法をコインでやると1番多くて9枚重なるときがあるからいろいろとたいへんだけどね。

2進法だけじゃなくて、3進法や4進法というものもあるんだね。

じゃあ次は2進法で3＋6を計算してみよう。小学生のときにおはじきで足し算をやったよね。おはじきを3個おいて、さらに6個追加して、最初から全部を数えてみたら9個になっていたというやつ。

あったあった！　数えるのがたいへんだから3＋6は暗記しちゃった。

そうだよね。でも2進法だと暗記しないでできるんだよ。
3のときはこうだよね。

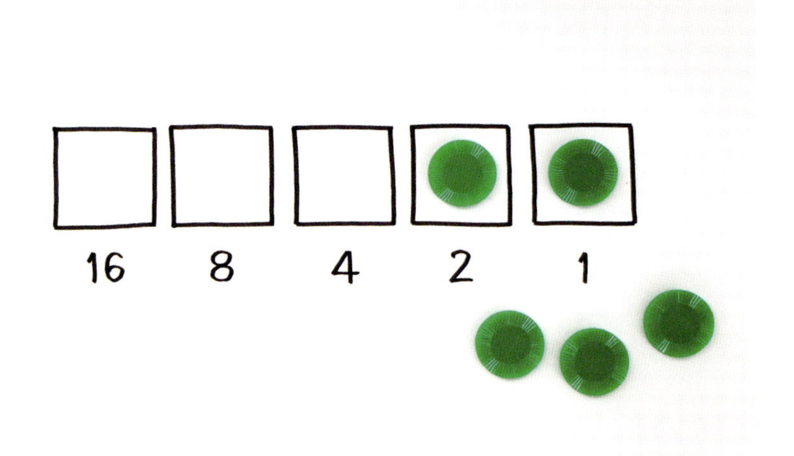

これに6を足すということは、4と2にコインを置くということ？

そうだね。

重なったから隣にずれて、

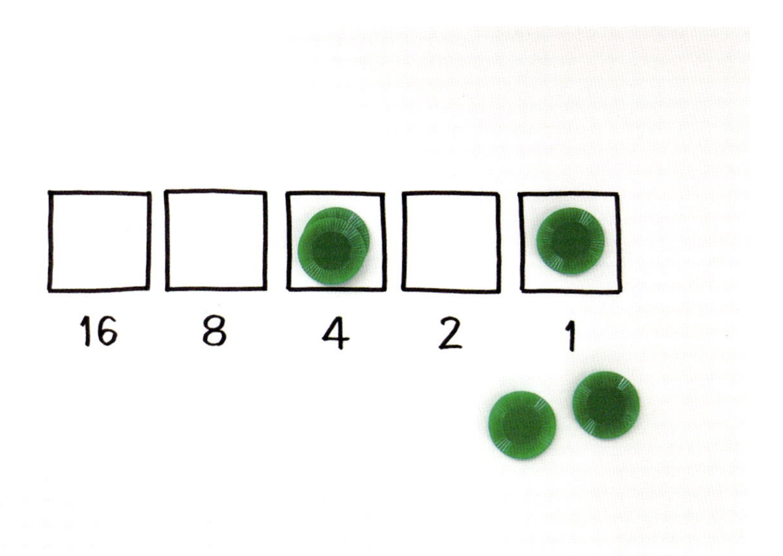

また重なったから隣にずれて。

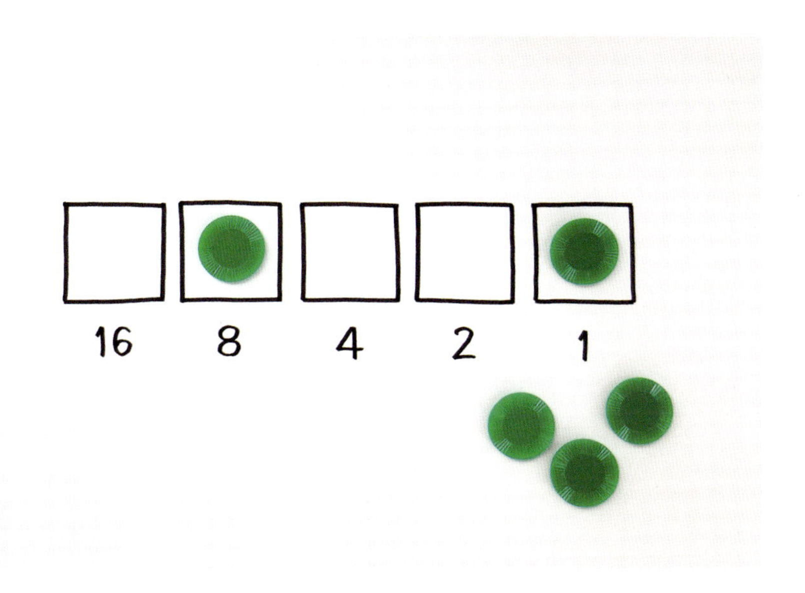

おお。これはなんという数字？

8と1にコインがあるから9だね。3＋6は9！

そう、足し算ができたでしょ。

すごい。ほかの数でも試してみよう。

いいね。2進法を使うと足し算を暗記しなくてもよくなるんだ。
人間は片手で5本の指があるから、コインの代わりに指を折る／折らないで、31まで数えられる。両手を使うといくつまで数えられる?

31と31だから62とか?

そうじゃないよ。右手は親指が1、人差し指が2、中指が4、薬指が8、小指が16だけど、左手は、小指が32、薬指が64という具合に考えるんだ。残り3つで128、256、512だよ。だから1＋2＋…＋256＋512を計算すればよくて、ええとー。

512×2は1024だから、その1つ前の1023じゃない?

そうそう。大体1000だよ。昔からコンピュータでプログラムを書いていた人たちはこの指を折って数えられる人がいるよ。

指がつりそう……。

この調子で、引き算と掛け算もやってみようか。

えー。もうつかれた。

コインを使って2進法の引き算を計算するには、もう1種類コインを用意します。ここでは説明のために黄色のコインを使います。黄色コインは「引く」という意味です。たとえば、3を引くというときは、2と1を引くということなので、2のマスと1のマスに黄色コインを置きます。

ルールは2つです。

・緑コインと黄色コインが重なっていれば、両方のコインを取り去る
・黄色コインだけが置いてあるならば、その位置に緑コインを置いて、黄色コインを左に進める

たとえば5－3の場合を考えてみましょう。5は次のように表します。

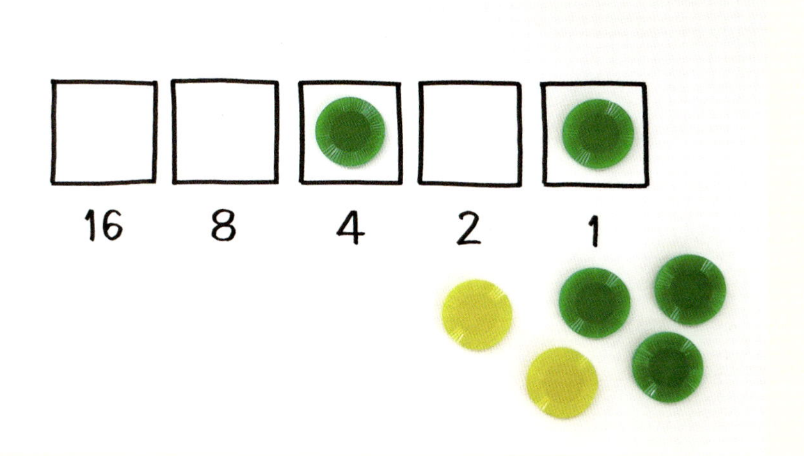

ここから3を引くということは、1と2のマスに黄色コインを置くことになるけれど、

1のマスで黄色コインと緑コインが重なっているため、両方取り除きます。

2のマスには黄色コイン以外何もないので、そこを緑コインに置き換えて、黄色コインを隣に進めます。

4のマスで黄色コインと緑コインが重なったので、それらを取り去ると……

2になりました。

引き算で面白いのが、引ききれないとき（答えがマイナスになるとき）です。たとえば3－4を考えてみます。

ここから、4のマス目に黄色コインを置きます。

この黄色コインを緑コインに変えて、隣に黄色コインを動かします。

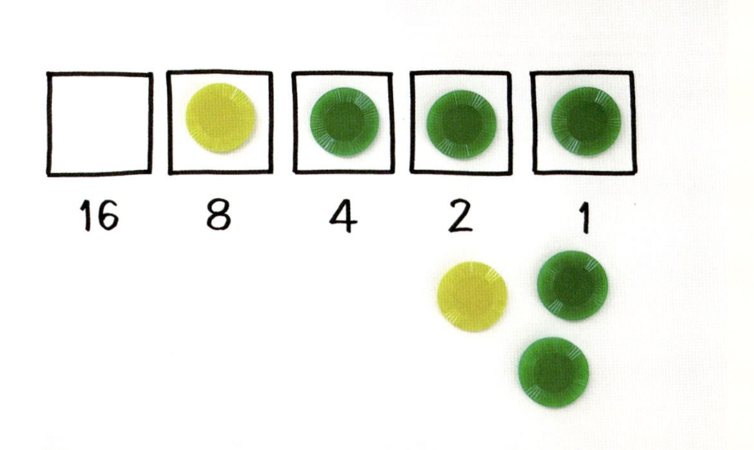

この調子で、黄色コインがどんどん左に進んで、全部緑コインになります。

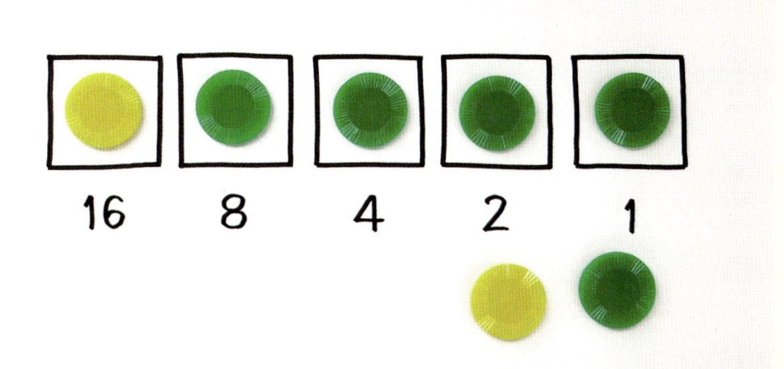

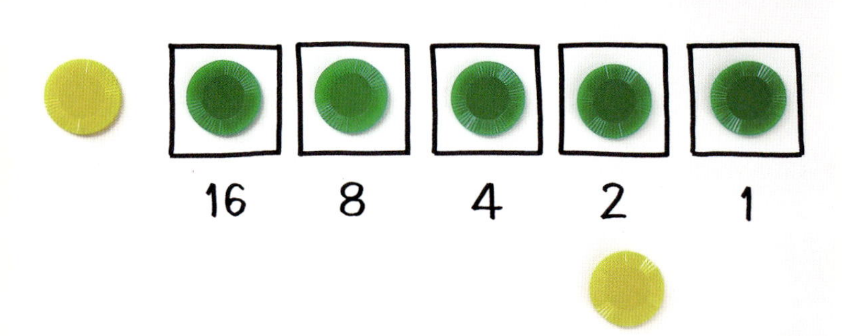

マス目が5個なのでここでやめますが、マス目があればあるほど続きます。3－4の答えは－1です。全部コインで埋まった状態を、いままでは31としていましたが、－1と解釈することもできます。すべてが埋まった状態を－1だとすると、この数に1を足すと順次繰り上がって0になりますから、この解釈はアリですね。

すべてが1で埋まった並び方「11111」は31なのか－1なのか、2つの解釈の仕方があるのはまぎらわしいですね。しかし、どちらも実際のコンピュータの中では必要な解釈であるため、使い分けています。数の表現だけではなく、コンピュータで表しているものすべてに言えますが、0と1だけで表されているものはそれだけでは意味がなく、それをどのように解釈するかという解釈法とセットで意味をもちます。

2進法の掛け算もかんたんにできます。まずはこの数を見てください。

00011 … 3
00110 … 6
01100 … 12（8＋4）
11000 … 24（16＋8）

これらの数は「11」のパターンが1つずつ左に規則的にずれて、数は2倍になっています。ほかのパターンでも確認してみましょう。

00101 … 5（4＋1）
01010 … 10（8＋2）
10100 … 20（16＋4）

ここでも「101」のパターンが1つ左にずれると2倍になっています。10進法でも、左にずらして0をつければ数は10倍になりますよね。2進法もそれと同じで、左に1つずらして0をつければ2倍になります。

2倍する方法がわかったので、次は3倍です。5の3倍は15ですが、2つのパターンを見比べてみましょう。

00101 … 5
01111 … 15

ここにどんな関係があるのでしょうか。2倍のときのように一瞬ではわかりませんが、ここにもある規則が隠れています。

15＝5＋10と表現できるので、次の2つを足し合わせます。

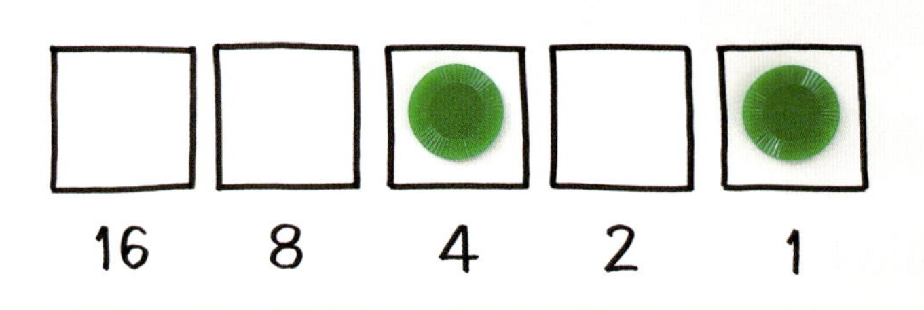

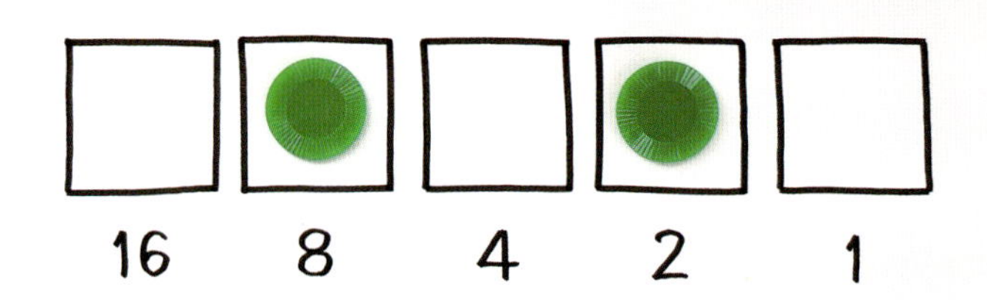

つまり、3倍するというのは、元のパターンにそれを1つ左にずらした（2倍した）パターンを足すということなのです。

00101 … 5（4＋1）
01010 … 10（8＋2）
01111 … 15（（4＋1）＋（8＋2））

規則性がわかった方もいるでしょう。何倍かしたいときには、まず、掛ける数を2進法で表します。そして、001を基準としたときから1の位置がどこに移動したのかによって、掛けられる数をずらしたり足したりするのです。

・2倍：010 … 1ずらす
・3倍：011 … 1ずらしたもの＋掛けられる数
・4倍：100 … 2ずらす
・5倍：101 … 2ずらしたもの＋掛けられる数
・6倍：110 … 2ずらしたもの＋1ずらしたもの

たとえば5×7であれば、7＝111なので、以下の3つを足し合わせることになります。

10100 … 20（101を2ずらす）
01010 … 10（101を1ずらす）
00101 … 5

このように、掛け算でも2進法だと、ずらすことと足すことを組み合わせるだけで計算できます。九九のようなものを暗記しなくてもいいので、もし宇宙に2進法の星があったら、そこの小学生はうらやましいですね。

第3章

0と1の世界

かなちゃんこんにちは。今日はコンピュータの中身の話だ。どうやって0と1の計算をしているかを教えるよ。

こんにちは。

その箱の中に電子部品がいくつか入っているから取り出してごらん。

これだね。

これはスイッチだよ。

押したら電気が流れるやつでしょ。

そう。でも足が3本出ているね。どうして3本だと思う？　押したら電気が流れるだけだったら2本でいいと思わない？

あっ、たしかに。小学校で習ったスイッチは2本だけだった。3本目って何に使うんだろう。

ここに乾電池と電球もある。どのようにつながっているか、いろいろと試しても壊れたりしないから調べてごらん。

はあ……。

秘密はわかったかな？

なんとなく。１番と２番につないだら、ボタンを押したときに電球が光るの。２番と３番につないだときは押しても押さなくても光らない。で、１番と３番につなぐと、押していないときに光って、押すと消える。これで全部調べたと思う。

えらい。よくできました。表にするとこんな感じ。

	押していないとき	押したとき
1と2	×	○
1と3	○	×
2と3	×	×

表にするとわかりやすいね。調べるのを忘れていないかどうかもわかる。

そうだね。このスイッチの中はこんな感じになっているんだ。

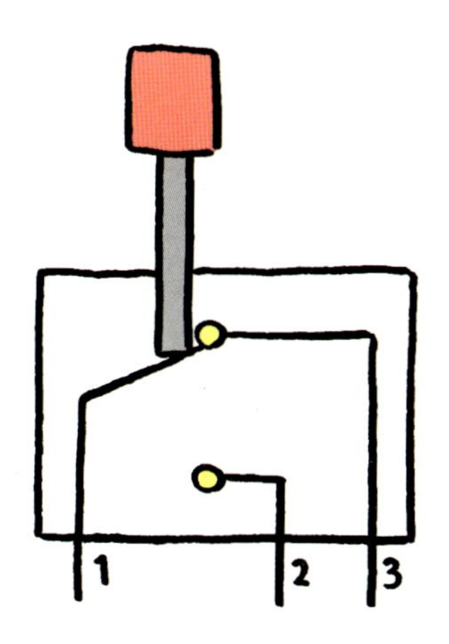

押していないとき（1と3がつながる）

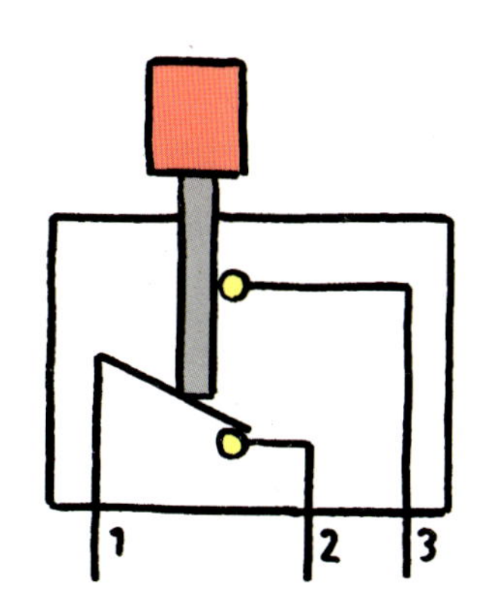

押したとき（1と2がつながる）

これとコンピュータにはどういう関係があるの？

コンピュータはこのスイッチがたくさん集まってできているんだよ。

どういうこと？

たくさん集まるといっても、ただグチャグチャと集めただけじゃダメだよ。ちゃんと考えて組み合わせなければならない。そうやって1万個とか100万個くらいのスイッチを組み合わせたときにコンピュータになるんだ。

そんな数は想像ができないなあ。

まずは、スイッチが2つから考えてみよう。2つのスイッチを両方押したときだけ光るようにするにはどうしたらいい？

えっと、こんな感じで線をつなげばいいんじゃない？

やってごらん。

スイッチ同士を縦につないで。たしか、直列って言ったよね。直列につなぐと……ほら！　両方押したときに光った。

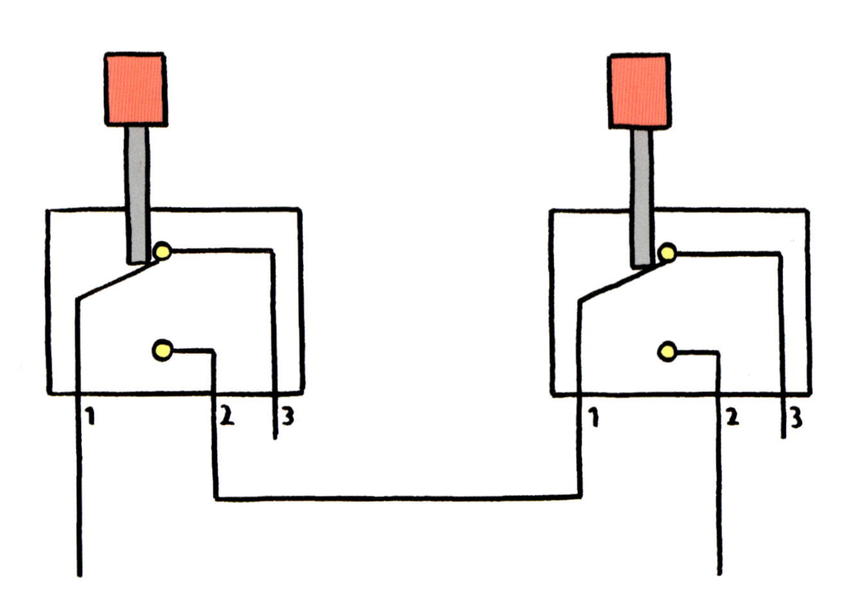

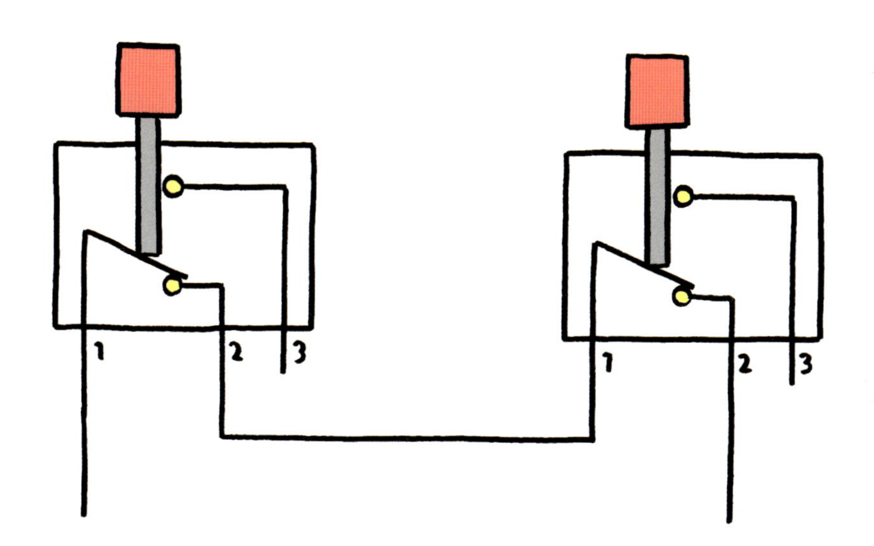

おお、よくできたね。このつなぎ方を**AND**と呼ぶ。じゃあ今度は、2つのスイッチのどちらを押しても光る回路はどうなるかな？

ええと。こうじゃない？

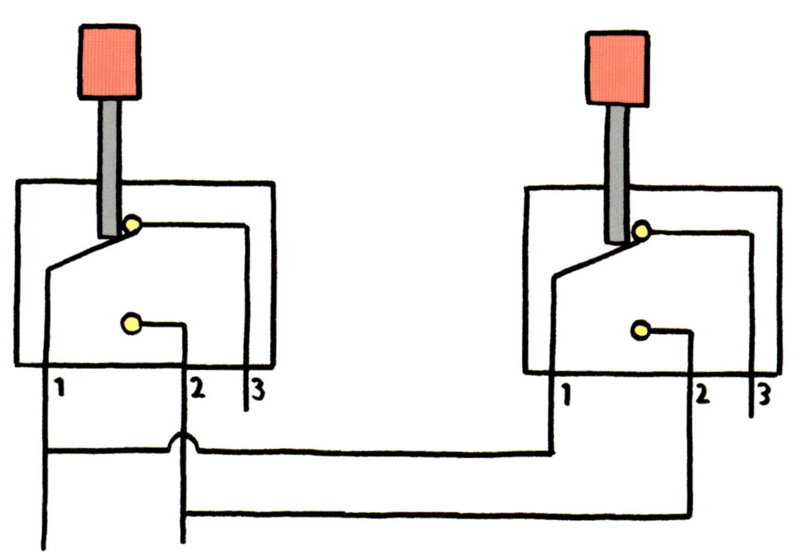

すごいすごい。さっきのスイッチのつなぎ方は直列だったけど、今度のつなぎ方はなんて言う？

並列でしょ。

そう、スイッチを並列につなぐと、どちらを押してもいいことになるね。このつなぎ方を**OR**と呼ぶ。

でも、両方押しても光るよ。「どちら」を押しても、と言っているのに、なんか変。

たしかに、日本語で考えるとちょっと変だね。だけどこのORのつなぎ方は両方押した場合も光るから気をつけて。

アイシー。

つぎ。ここにラーメンのトッピングのサービス券があるよ。これには「海苔か卵のどちらかをサービスします」と書いてあるけど、海苔と卵の両方はもらえないよね。どちらか1つをもらえるってことだ。この回路を作ってみようか。どちらか片方だけ押したら光って、両方離したり、両方押したりしたときは消える回路。

難しそうだね。

ヒントは、スイッチの3つの足を全部使うんだ。階段の電気のスイッチもこれだよ。1階と2階とで両方電気をつけたり消したりできるけど、不思議だと思わない？　1階のスイッチをONにして、2階のスイッチでOFFにしたとき、1階のスイッチはONのままなのに消えるよね。それで1階のスイッチを今度はOFFにしたら電気はつく。階段の電気はONとOFFというのが決められていなくて、今のスイッチの状態を逆にしたら、電気の状態が逆になるという変わったものなんだ。

今まで不思議だと思ってたけど。中身はどうなっているの？

2つのスイッチをこのようにつなぐんだ。2番と3番を交差するようにつないで、2つの1番から取り出す。これで、2つのスイッチを両方押したり、両方押さなかったりしたときはつながらなくて、どちらか1つだけ押したときにつながるよ。

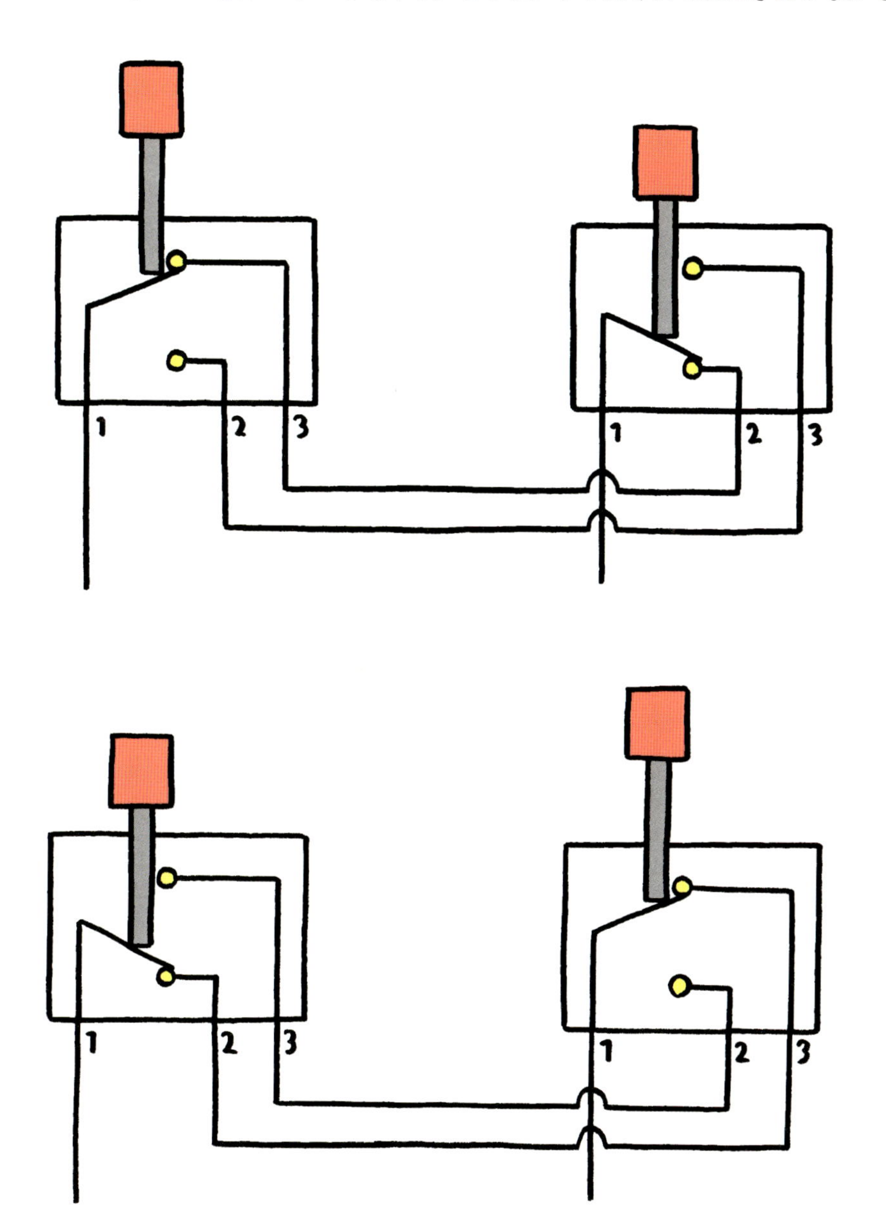

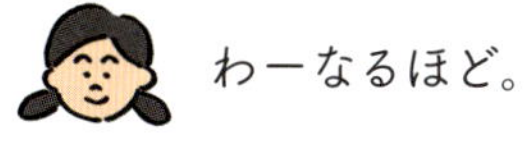

わーなるほど。

このスイッチのつなぎ方をXORと呼ぶんだ。どちらか1つの、という意味だよ。

だんだん難しくなってきた。

スイッチにはもっと足の数の多いのもある。これは6本。こっちは9本。

わあ。でも全部3の倍数なんだね。

そのとおり。これらは単純に、中にスイッチが2つ、3つ入っているだけなんだ。足が9本のスイッチの場合、3つのスイッチを同時に動かしたのと同じだよ。

わーお。

直列（AND）、並列（OR）、XORというつなぎ方で、スイッチを押したとき、押さなかったときがあったけど、結局電気が光るだけだったでしょ。つぎは、光るだけじゃなくて、何段もスイッチをつなげたいんだ。

どういうこと？

人間がスイッチを押すんじゃなくて、機械が押すってこと。光ったらつぎのスイッチをロボットが押すみたいな感じ。

ロボット？

この部品を見てごらん。これは**リレー**というものだ。リレーは中身が透き通って見えるから、電気回路の部品の中でも格段に動きがわかりやすいものだけど。

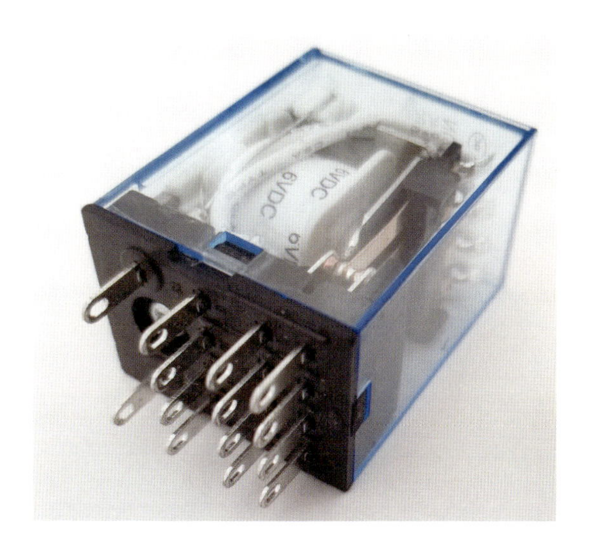

なんか足がたくさんあるね。

この白い部分は電磁石なんだよ。電磁石は知っているね。電気を流すと磁石になるもの。磁石は鉄を引きつけるよね。それで、このリレーの電磁石は電気を流すと、スイッチの鉄を引っ張って、手でスイッチを押したのと同じことになるんだ。

電磁石は作ったことある。線を何回も巻くんだよね。

そう。この電磁石も細い線が何周も巻かれている。このリレーは6Vと書いてあるから、乾電池４本で電磁石がスイッチを引っ張ることができるんだ。試しにやってみよう。

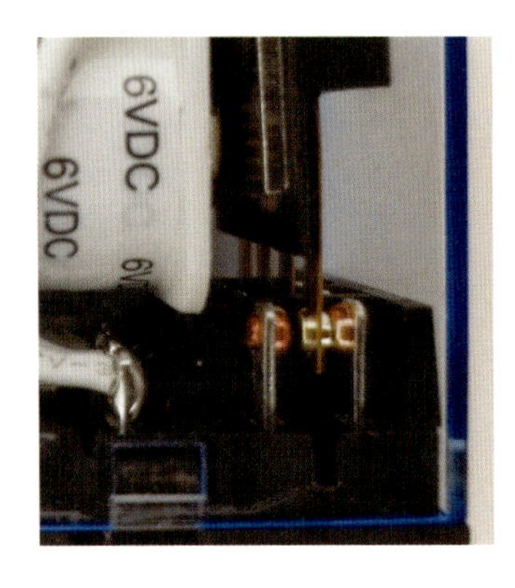

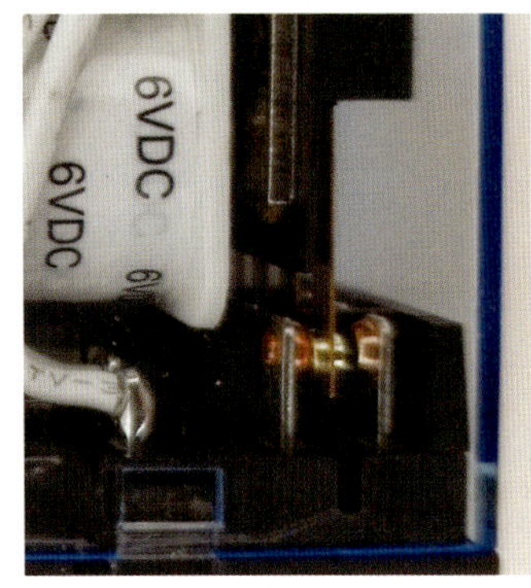

あ、カチンという音がして、何か動いた。

で、電気を流すのをやめると、ここにバネがあるので戻る。電気を流したり止めたりするとカチカチとスイッチの音がするでしょ。

なかなかいい音だね。

電磁石2本の足のほかに、足が12本あるけれど、3本の足で1つのスイッチになっているから、このリレーには4つのスイッチが入っていることになる。そして、電磁石に電気を流すと、4つのスイッチを同時に押してくれる。電気を止めると元に戻る。そういう動きをするんだ。

ああ、さっきのスイッチの３本足もこれだとわかりやすいね。

「機械がスイッチを押す」の意味がわかったでしょ。

電磁石ってことだね。

そういうこと。で、これで２進法の足し算をスイッチで作ることができるようになるんだよ。

え？　ここにつながるの？

これがそうだ。黄色くて四角いのが２つあるけど、これがリレー。中にスイッチが２つずつ入っているよ。それぞれのスイッチを押すと電磁石に電気が流れるようになっている。

上に２つ並んでいるのが答えの２桁で、光っているときは1、光っていないときは0だとすると、２進法の１桁分の足し算はこんな風に計算できるんだ。

1＋1＝10というのは、前回のコインで考えると「コインが2枚重なったら1枚取り除いて1枚は左にずれる」のところなんだよ。

ああここにつながるんだ。リレーで計算ができている。でも、もっと難しい計算はできないの？

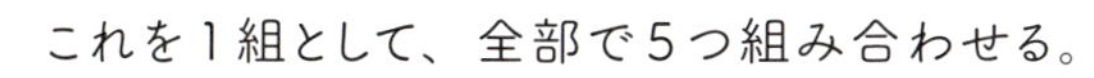

これを1組として、全部で5つ組み合わせる。

これで3桁の2進法の足し算ができるよ。この計算は7＋1だよ。2進法だと111＋001＝1000ということね。
下の3つの基板にはスイッチがついているけど、それぞれ2進法の1桁ずつの足し算を計算する。上の2つは桁上がりの足し算を担当している。

このスイッチはさっきと違うの？

さっきと違って、このスイッチは一度押したら押しっぱなしに、もう一度押したら戻るというのを使っているよ。

これは別の計算。6＋5だね。110＋101＝1011になっている。

1011は8＋2＋1＝11だから合ってる。

スイッチを押すと、リレーのカチカチ音がするでしょ。いろんな押し方で試してごらん。

でもたった3桁の計算かあ。もっと増やすにはどうするの？

1桁目だけ基板を1枚、2桁以降は桁上がりのために基盤を2枚用意すればいいだけ。同じものをつなぐだけだから、単純作業だよ。全部中身は自動的に押すスイッチだからね。
じゃあ、6桁の足し算だったらリレーは全部でいくつ必要でしょうか？

基板が11枚必要で、それぞれ2つのリレーが乗っているから、22個のリレーが必要。

そう。スイッチにしたら44個だけど、たった6桁の足し算でも44個必要って、けっこうな数だよね。

いつの間にかスイッチの数が増えてきたね。そういえば、足し算以外の計算はどうするの？

同じようにリレーを組み合わせたら、引き算や掛け算もできるようになるよ。掛け算は桁をずらすことと足すことの組み合わせだから、足し算がたくさん出てくるね。さらにたくさん組み合わせるとコンピュータが作れるんだ。

やっとコンピュータの話にきたね。

このリレーで作ったコンピュータは実際に昔使われていて、今も展示で動いているところが見れたりするんだ。スイッチの切り替えで、リレーの心地よい「カチン」という音がするから、計算をしている様子がカチカチと聞こえてそれは面白いものだよ。

はかせは見たことがあるの？

あるよ。広い部屋の壁一面にリレーがたくさんついていて、カチカチという音が左から右に流れていくんだ。今計算している回路がどこにあるのかが聞こえて、とても楽しかったよ。

ふーん。

とにかく、コンピュータを作るには「機械が押すスイッチ」が必要なんだ。コンピュータが登場した時代には、いろんな方法でその「機械が押すスイッチ」が試されたんだ。電磁石がその1つだけれども、ほかにもいろんな方法が発明されたよ。そしてそれをたくさん組み合わせて、コンピュータを作っていったんだ。で、**トランジスタ**で作ったスイッチが発明された。

トランジスタ?

トランジスタは半導体という不思議な金属みたいなものを組み合わせて作る部品なんだけど、リレーのように中身が見えたりしないから動作を説明するのは難しいんだ。結局リレーを組み合わせたのと同じようにトランジスタを組み合わせていろんな計算ができるようになるんだけど、リレーとトランジスタは何が決定的に違うと思う?

なんだろう。

それは、速さと大きさと作り方だよ。

はあ……。

リレーの電磁石に電気を流すと、中のスイッチがONになるのにほんの一瞬だけ遅れる。

え? カチンというのは速かったよ。

それは人間の感覚からすると十分速いんだけども、スイッチが動くのには少しだけ時間がかかるよね。トランジスタはもっと速い。1000倍くらいなんてもんじゃなくて、100万倍とか10億倍とか。リレーの足し算回路が1秒間に10回計算できたとして、トランジスタの足し算回路は1億回計算できる。それくらい速い。
それから大きさ。

リレーは1つが2cmくらい？　トランジスタは？

これは作り方にも関係するけれど、そのリレーの大きさだったらトランジスタが1億個以上入るね。

また1億！　どんな作り方をしてるの？

基板の上にトランジスタの回路を印刷するように作れるんだ。何億個のトランジスタの回路が一瞬で作れちゃうよ。

はかせがリレーで足し算の回路を作るのはたいへんだったんじゃない？

基板1枚に30分くらいで、5枚だから2時間半かかったよ。トランジスタの基板はマイクロチップと言うんだけど、ここにたくさんのトランジスタが入るようになったのも、結局はコンピュータのおかげだよね。コンピュータが精密に工場の機械を動かすことができて、それでどんどん小さいトランジスタを作れるようになった。この進化が現代のすごいコンピュータにつながるんだよ。

へえー。

今日はこれでおしまい。

現代のコンピュータがすごいのはトランジスタのおかげです。ですが、動く仕組みも難しいですし、小さすぎて速すぎるため、コンピュータをわかりにくくしている原因でもあります。それに対して、リレーは電磁石ですから動く仕組みは直感的でわかりやすいので、コンピュータの歴史を学ぶという意味よりも、コンピュータの原理を学ぶという意味で使っています。

リレーやトランジスタのほかにも、「機械が押すスイッチ」を作ることができます。昔はいろんな仕組みで機械が押すスイッチが作られ、それを組み合わせてコンピュータが作られました。しかし、それらは長続きはしませんでした。トランジスタの圧倒的な性能にはどれもかなわなかったようです。

リレーで足し算をする装置は、スイッチが2つ入っているリレーを2つ組みにして作ります。2進法の足し算は、桁上がりも考えるとつぎのようになります。

0＋0＝00
1＋0＝01
0＋1＝01
1＋1＝10

答えの2桁のうち、下の桁はXOR、上の桁はANDの計算そのものです。したがって、リレーの2つのスイッチでそれぞれXORとANDを作ることで、1桁分の足し算ができるようになります。

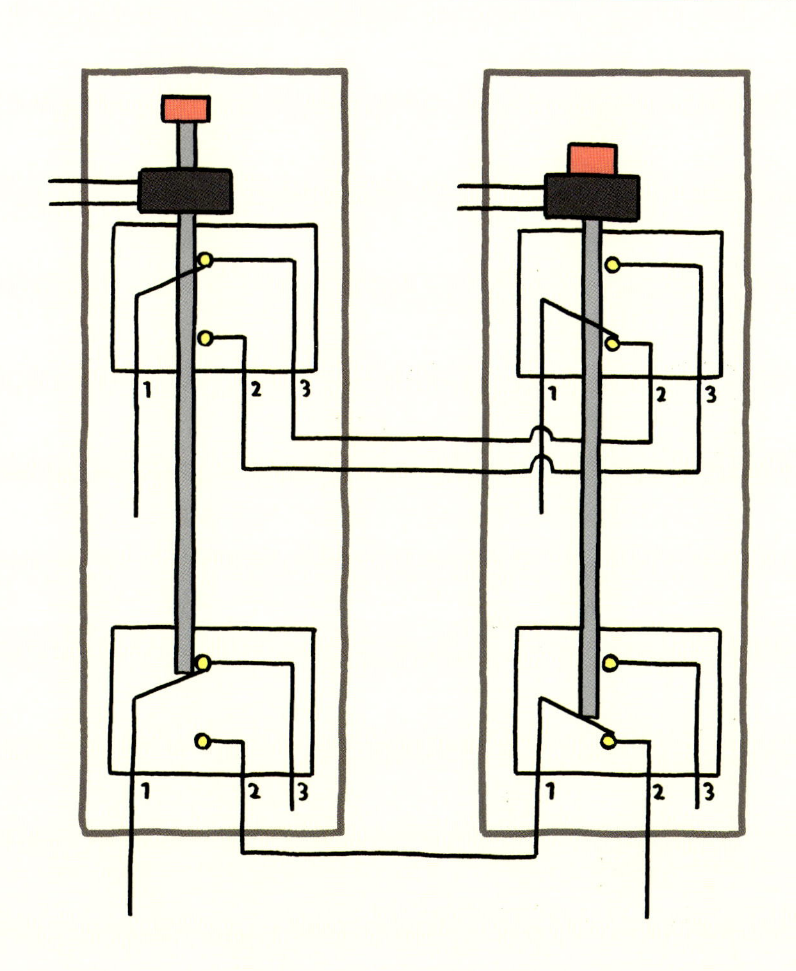

上のスイッチでXOR、下のスイッチでANDが作られています。これで1桁分の2進法の足し算ができました。

桁を増やすには、桁上がりの計算も必要です。111 + 111の計算は

```
     111
+    111
--------
      10
     10
    10
--------
    1110
```

となります。実際の計算を図で見てみましょう。

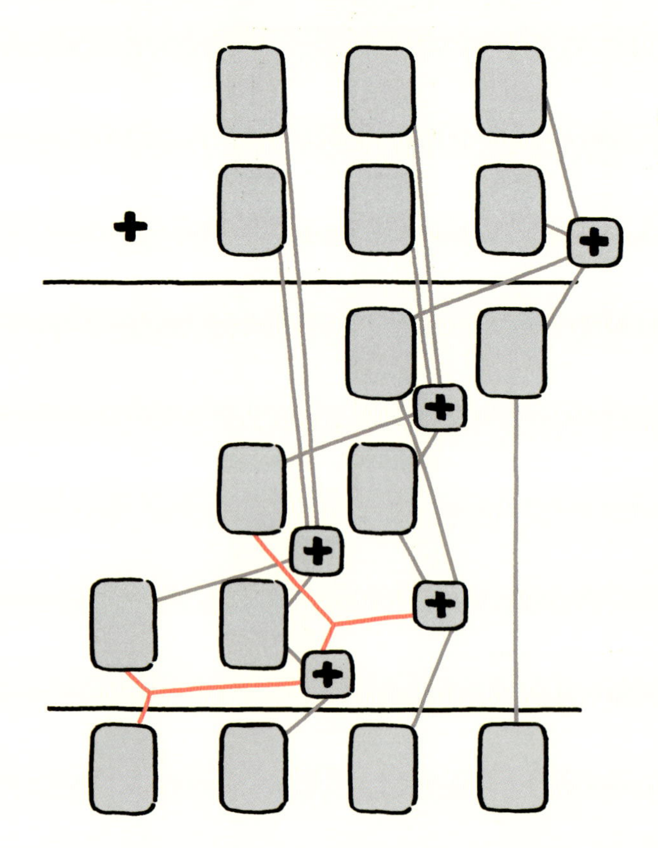

それぞれの桁の足し算が3回と、桁上がりの分の足し算が2回出てきています。図で線がY字で合流しているところが2箇所ありますが、これはORの計算をしています。足し算の回路が5個で、3桁の2進法の足し算ができるようになりました。

第4章

複雑な計算ができるひみつ

前回はスイッチの回路で計算ができることを教えたよね。

意外とかんたんだった。

今日は、それを組み合わせてもう少し複雑な計算をさせてみるよ。リレーを使って足し算を計算する回路と同じように、引き算や掛け算をする回路も作れるんだ。掛け算はもっと複雑な回路になるけどね。
1つの回路で「2＋3」のような1回の計算ができるけれど、それを組み合わせてもう少し複雑な計算をやらせてみよう。

複雑な計算って、2＋3＋4、みたいなこと？

そうそう。それを計算するには足し算の回路が2つ必要になるよね。

ああ、はかせが1つ作るのに2時間半もかかったやつ。

そう。でも、本物の回路だと作るのがたいへんだし、お金もかかるから、今日はもっとずるいかんたんな方法でやろう。

どういうこと？

かなちゃんの頭の中を使うんだよ。カードを1つの回路だと想像して、そのカードをたくさん並べて計算すると考えてほしいんだ。

それは協力してもいいけど、浮いたお金でケーキおごってね。

はいはい。
じゃあまず、この＋が書かれているカードは足し算をする回路、×が書かれているカードは掛け算をする回路だと思って。

カードがケーキに見えてきた……。

それから、数字が書いてあるカードはその数になるようにスイッチを押したと思ってほしいんだ。？のカードは答えを表示する電球が並んでいる。

うん。

1番単純に、3のカードと?のカードをこうやって置いたらどうなると思う?

3は011だから2つのスイッチを押すんだよね。それで2つの電気が光るよ。

そう。2進法を覚えていたね。2つのカードは、3桁の2進法だったら3本の線でつながっているよね。でも、少し2進法は忘れてもいいよ。とにかく3を意味するスイッチを押して、3が表示されたということだけで。
料理を作っているときは、お芋の皮を向いたり玉ねぎを刻んだり、細かい手順が重要だけれど、できあがった料理を食べるときはそういったことは忘れるよね。そんな感じで、考えるときはそういう細かいことを忘れる。これがコンピュー

タを理解する上でとても重要なんだ。これから何度も出てくるよ。

うん。

そしたら、カードをこう並べてみよう。

これは?

3＋6ということだね。答えは9だから、9が表示される。

よしよし。じゃあ、もう少し複雑な計算を。(5＋4)×(3＋2)は、どういう風にカードを並べればいいかな。

こうだね。

いいね。これはカードだけれど、本当は足し算の回路や掛け算の回路をたくさんの線でつないでいる、ということをときどき思い出してね。

はーい。

じゃあ、こうカードを並べ替えてみると？

これはどういう計算？

下から順番に計算するのかな？　1番下は4＋2。次にその答えに3を足しているので、(4＋2）＋3。そこに×と5があるから、この答えに5を掛ける。このカードの並べ方は（(4＋2）＋3）×5の計算をするってことだね。

上手に使いこなせてるよ。もっと複雑なものもできそうだね。
つぎは、1から10までの数を全部足したらいくつになるでしょうか、というのをカードで表してみよう。まず、数が書かれたカードが10枚あるよ。足し算のカードは何枚必要？

並べてみると、こんな感じ？　足し算のカードは9枚だね。

なかなか机が窮屈になってきた。足し算のカードが9枚ということは、足し算の回路が9個も必要ってことだからね。

組み立てるのに2時間半の9倍で20時間以上かかるよ。

いやいや、1から10までを足すと55になるんだけど、55というのは2進法で表すと32＋16＋4＋2＋1だから110111になるね。この計算をさせるには6桁の足し算の装置が必要ということだ。さっきの3桁と比べると、1つの足し算の回路だけで大体2倍になるよね。だとすると全部で40時間くらいかな。それに面積も大きくなるから回路は机の上には乗らなくなるね。本当にたいへんでしょ。

うわあ……。想像以上だった。

この調子で、いろんな計算をさせたいんだけど、計算が複雑になるとカードの枚数が増えて、回路もどんどん複雑になっていく。ところがここですごい発明があるんだ。回路をこれ以上複雑にせずに、つまりカードの枚数を増やさずに、どんなに複雑な計算でもできるようにする、という発明だ。ちょっとすごくない？

どんなに複雑な計算でも？　なんかワクワクするかも。

そう。そのひみつは、計算の途中結果を一時的に取っておく回路を用意するってこと。これは**レジスタ**と呼ぶんだけど。

この「取っておく」というカードは、回路がレジスタにつながっている。だからこの場合は、４＋２の計算をして、その答えの６をレジスタに取っておくよ。

ふーん。

「呼び出す」は、さっきレジスタに取っておいた計算結果の６を呼び出すんだ。それに３を足して、その答えの９をさらにレジスタに取っておいている。

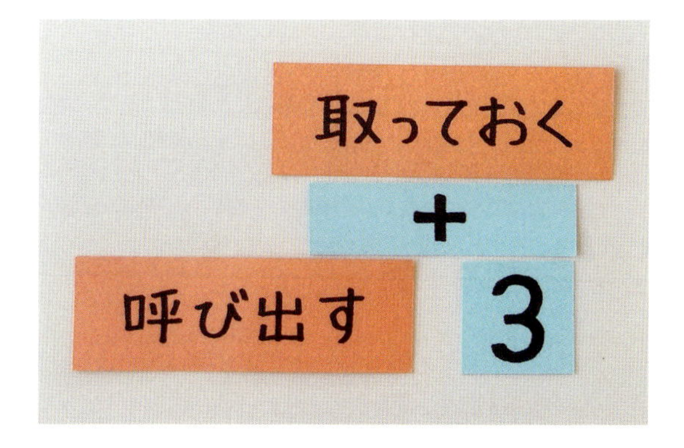

次は、９を呼び出して、それに５を掛けて、表示している。

これで、さっきと同じ計算ができたよ。

ほんとだ。

カードを一度に全部並べることは、計算に必要な回路を全部用意してつなぐということだけど、カードを並べ替えるということは、回路をつなぎ替えるってこと。だからレジスタはつなぎ替える間に計算の途中結果を取っておくために使うんだよ。

なんかわかったような。

1回の並べ替えでは＋や×のカードは1枚ずつしか使ってなかったよね。つまり、＋や×の回路は1つずつあればいい。これで、どんなに複雑でも計算できるようになるんだ。

でも、何回もカードの並べ替えが必要になるんだよね。

そのとおり。10個の数の合計を計算するというのも、9回回路をつなぎ替えてできることになるよね。

すごく時間がかかりそう。

回路のつなぎ替えもスイッチでやるんだ。最初からスイッチを介して回路はつながっていて、スイッチを入れたり切ったりする。1回のつなぎ替えはたくさんのスイッチを同時に切り替えるだけだから、一瞬だよ。たとえば、スマホは1秒間に20億回くらい切り替えてるかな。

えー20億!? なんだかつかれてきちゃった。

これからが面白いところなのに。

パソコンやスマートフォンのスペックに、CPUというものがあります。これは、コンピュータの本体のことです。たとえば項目には、3.7GHzや2.5GHzのような数字が書かれています。このHz（ヘルツ）は、周波数や振動数の単位です。CPUの場合は回路を切り替える間隔を表していて、この値が大きいほど処理速度が速いということになります。

ヘルツやメートルといった国際単位系（SI）に属する単位は、次のような接頭辞を付けて、大きな（小さな）量を表すことができます。

ピコ(p)	10^{-12} ＝0.000 000 000 001
ナノ(n)	10^{-9} ＝0.000 000 001
マイクロ(μ)	10^{-6} ＝0.000 001
ミリ(m)	10^{-3} ＝0.001
センチ(c)	10^{-2} ＝0.01
デシ(d)	10^{-1} ＝0.1
	10^{0} ＝1
デカ(da)	10^{1} ＝10
ヘクト(h)	10^{2} ＝100
キロ(k)	10^{3} ＝1,000
メガ(M)	10^{6} ＝1,000,000
ギガ(G)	10^{9} ＝1,000,000,000
テラ(T)	10^{12} ＝1,000,000,000,000

たとえば、1Hzというのは回路を1秒間に1回切り替えるということで、1kHzは1秒間に1000回、1MHzは1秒間に100万回、1GHzは1秒間に10億回切り替えるということです。

最近のパソコンは3.0GHz以上が主流になっています。スマートフォンでも2GHz以上の機種が増えてきていますが、博士が最初に触ったコンピュータは2MHzでした。当時から考えると、現在は1000倍以上も早くなっています。切り替えの回数が多くなっても、その分すごい速さで切り替えることができるため、ほとんど問題ありません。

一方コンピュータの世界では、2進法の1桁をビット（bit）という単位で表します。たとえば、0は1ビット、01は2ビット、001は3ビットです。

リレーで3桁の2進法の足し算を作り、それでも足りなくて6桁の2進法の足し算の話になりましたが、実際には8桁の計算をするコンピュータが作られました。8桁は8ビットですが、それを扱いやすくするために8ビットを1つのまとまりとして扱うようになり、それをバイト（B）と呼ぶようになりました。1バイトは0から255までの数です。その後、コンピュータの中の計算の桁数は16ビット、32ビット、64ビットに進化しましたが、1バイトが8ビットというのは変わらないままです。

第2章で、指10本で0から1023まで数えられることを言いましたが、その数がだいたい1000なので、これをまねて1024バイトのことをキロバイト（KB）と呼ぶようになりました。ファイルのサイズで2キロバイトというのは2000バイトではなく2048バイトです。コンピュータは情報を0と1の2つだけで表現するため、1000（10^3）倍ではなく、1024（2^{10}）倍単位で増えていきます。

さらに、1024キロバイトを1メガバイト（MB）と呼びます。バイトにすると、1024 × 1024 = 1048576バイトです。これもメガですが、100万より大きいですね。

同じようにして、1024メガバイトを1ギガバイト（GB）、1024ギガバイトを1テラバイト（TB）と呼びます。

バイト(B)	8 bit
キロバイト(KB)	2^{10}=1,024 B
メガバイト(MB)	2^{20}=1,048,576 B
ギガバイト(GB)	2^{30}=1,073,741,824 B
テラバイト(TB)	2^{40}=1,099,511,627,776 B

ギガという言葉は、メモリやファイルのサイズだけでなく、コンピュータの速さや通信の速度にも出てきます。スマートフォンやWi-Fiのデータ通信量でもおなじみですね。私たちが普段生活していてこんな大きな数にはめったに出会いませんけれど、それだけコンピュータは大量に高速に動いているということなんですね。

第2章の「はかせのひとりごと」で2進法の掛け算の方法を説明しました。掛け算は足し算と、横に1桁ずらす（2倍する）計算を組み合わせて作られていました。この章では、掛け算は1つの大きな回路で作られているという前提で話をしましたが、マイクロチップの中に回路をたくさん入れられなかった時代では、掛け算は足し算と2倍を組み合わせて計算していました。回路は少なくて済みますが、掛け算のたびに回路の切り替えが何回も必要になります。

回路をつなぎ替えるところにも大事な発明があります。足し算、引き算といった回路の種類がたくさんあると、どの回路の出力とどの回路の入力がつながっているかという、組み合わせも非常に多くなってしまいます。しかも、回路をつなぐといっても、それぞれ2進法ですから電線の本数もけっこうな数です。

そこで**バス**という電線の道路みたいな発明がありました。つなぎたい回路の出力と入力がすべてスイッチを介してバスにつながっています。つなぎたい回路の出力と回路の入力のスイッチを同時につなぎます。その瞬間バスを通って回路から回路へ信号が流れます。流れ終わったらスイッチを切ってバスから切り離されます。バスが1つだけだと同時につなげる回路は1組だけですが、バスを増やせばそれだけ同時につなげる回路も増やせます。

レジスタに計算の途中結果を取っておいて、回路をつなぎ替えて複雑な計算をできるようにするというのはとても画期的な発明でした。性能があまりよくないコンピュータでもすごい計算ができたのはこの発明のおかげです。ただし、この方法がコンピュータに必須の仕組みなのかと言われると、そうとも言い切れません。自動的に押すスイッチを大量に組み合わせて複雑な計算をする、というところまでは同じですが、その上にはまったく違う仕組みのコンピュータを作ることもできます。大切なのは、計算をするために必要な巨大な回路をどのように分割して、それをつなぎ替えるかということだけなのです。

しかし、マイクロチップは大量に作れば作るほど安くなるので、1つの成功が圧倒的な差になってしまいます。そのために違う仕組みのコンピュータの研究もずいぶん昔に止まってしまいました。

ところが、最近は自分でマイクロチップの中身を自由に設計できる製品もありますし、いま主流のコンピュータも性能が頭打ちになっており、まったく違う仕組みのコンピュータが脚光を浴びる可能性も出てきました。この章より後ろは、いまはこうなっているけれど、もしかしたら違う方法もあるかもしれないと考えながら読んでみてください。

第5章

コンピュータの言葉

いよいよコンピュータの仕掛けに迫るよ。

ずいぶんと長い道のりだった……。

あ、そういう意味ではちょうど半分ということなんだけれども。

まだ、半分!?

計算する回路があって、その回路を次々とつなぎ替えることで、どんなに複雑でも回路を増やさないで計算をさせることができるってところまできた。

回路のつなぎ替えは何回も必要だけれど、1秒間に20億回もつなぎ替えられるから、やっぱりすごく速い。

そうそう。やっぱり速いのは速い。で、次の問題は、回路をつなぎ替える順番をどうやってコンピュータに教えてあげるか、ということ。

どうやって教えてあげる?

まず回路のつなぎ方に名前をつけるんだ。

回路太郎さん、二進花子さんとか?

まあ、それも名前だけど、もう少し回路がやっていることを表すような名前がいいな。たとえば、((4＋2)＋3)×5をカードで計算するにはどうしたらよかったっけ?

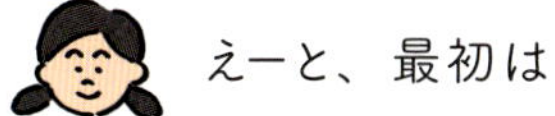

えーと、最初は

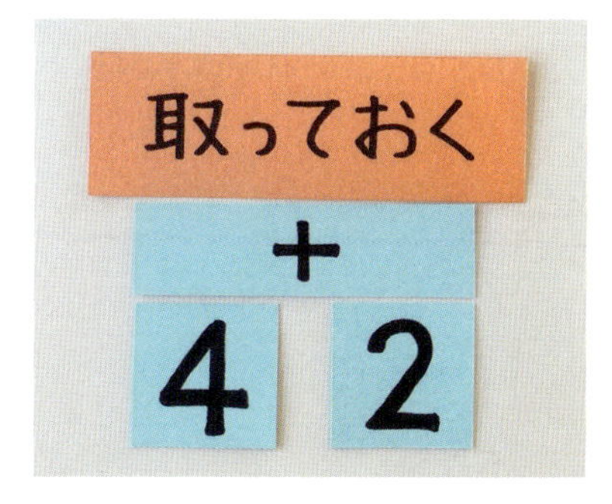

つぎに

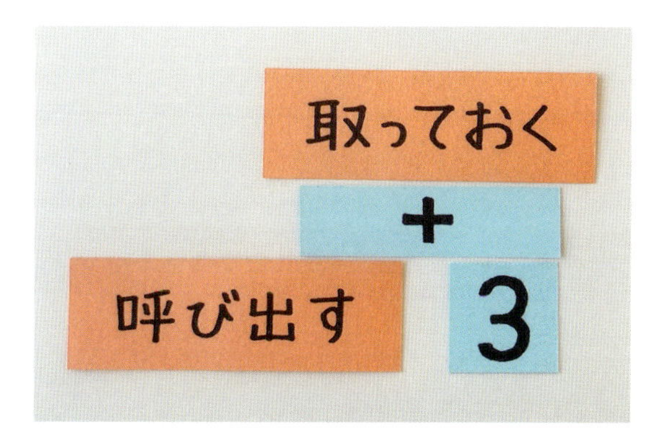

最後に

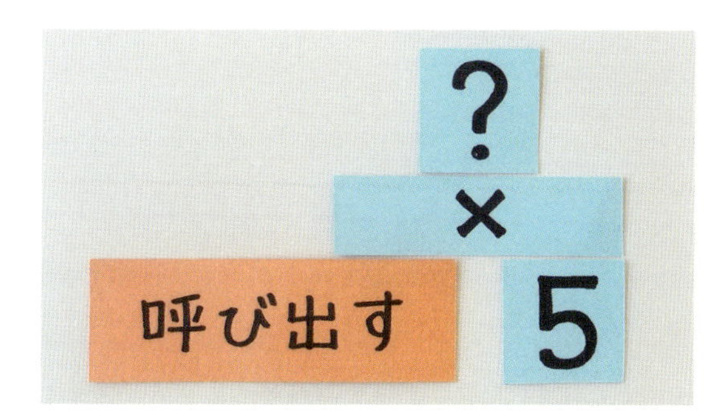

の3つの回路につなぎ替えればいいんだったよね。

完璧だよ。すごいすごい。で、回路の形がけっこう似てるよね。

「呼び出す」が左下にあるのが２回、「取っておく」が上にあるのが２回、とか？

そうそう。この形式はほかの計算でも何度も出てきたよね。

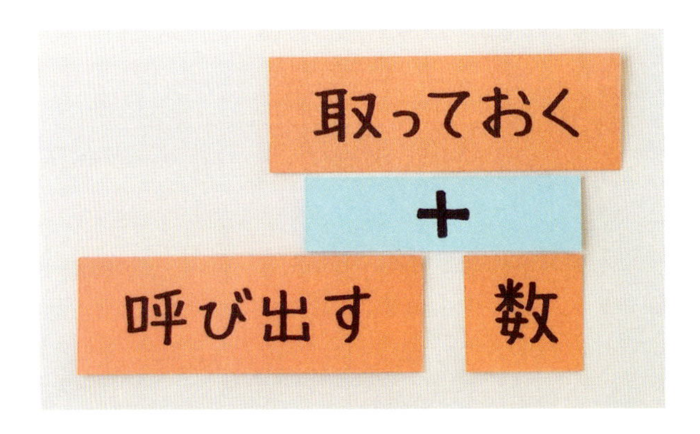

この並べ方の本当の読み方は「『呼び出した数』と『数』を足して取っておく」だけど、「呼び出す」「取っておく」は必ず出てくるから省略して、「『数』を足す」という名前をつける。

ああ、そういう名前のつけ方かあ。

よく使う回路に名前をつけるけど、逆にめったに使わない回路は、よく使いそうな回路の組み合わせでできないかどうかを考えるんだ。

どうしてそうするの？

ああ、言うのを忘れてた。何でもかんでも名前をつけるのではなくて、使う名前の数をできるだけ少なくしたほうが、コンピュータがかんたんになるからね。その代わり、組み合わせるということはつなぎ替えの回数が増えるということだから、ほんの少し遅くなる。ここは、コンピュータの中をかんたんにするか計算の時間を短くするかの選択になるね。お金をかけてもいいから高速なコンピュータを作るのか、できるだけ単純にして遅いけれど安いコンピュータを作る

のか。どっちも大事だよね。

なるほど。

たとえば、

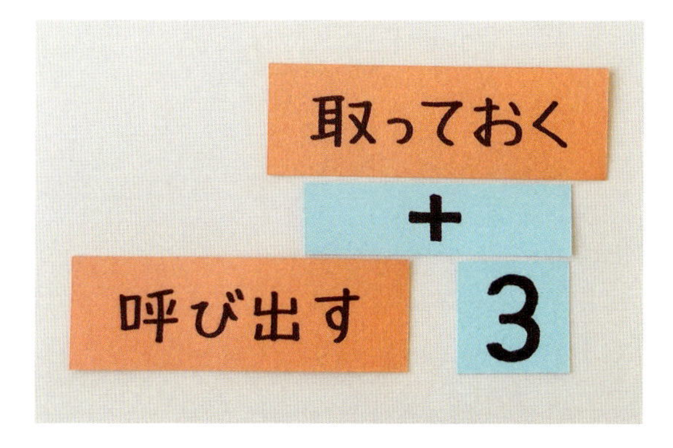

は「3を足す」だよね。これはよく使う回路だから、「『数』を足す」という名前をつけられた。じゃあその前にある

は「4と2を足す」ことだけれども、これを「『数』と『数』を足して取っておく」という名前にするんじゃなくて、さらに分解するんだ。

え？　だって、もう分解できないでしょ？

この２つにだよ。

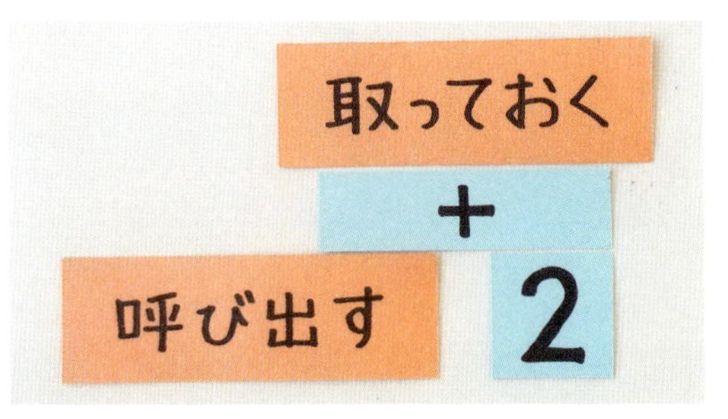

最初のは４を取っておいて、それに「２を足し」ている。つまり「４を取っておく」「２を足す」ということになるね。

うわあ、回りくどい。でも「２を足す」はさっきの３を２に変えただけだ。

そう、「４を取っておく」だってけっこう使えそうでしょ。つまり「『数』を取っておく」「『数』を足す」という２つの名前で、どんな足し算でも計算できるようになった。

なるほど。引き算や掛け算も同じだね。

そう。「『数』を取っておく」は共通だから、「『数』を引く」「『数』を掛ける」という名前を追加すればいいよね。

なんか、２つ増やしただけなのに、いろんなことができそう。

じゃあ、最後のこれはどうしようか。

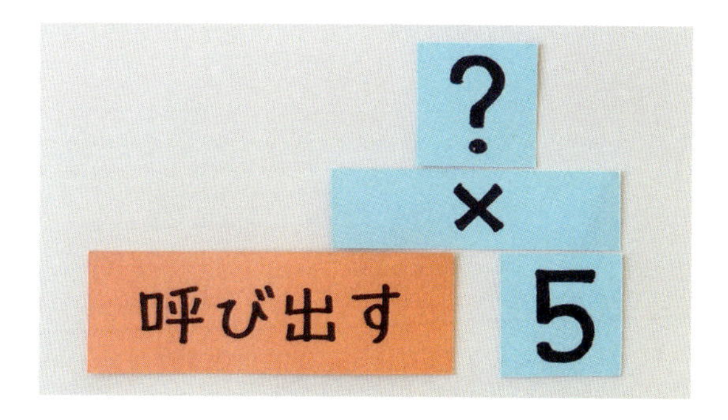

これも2つの回路に分けて、

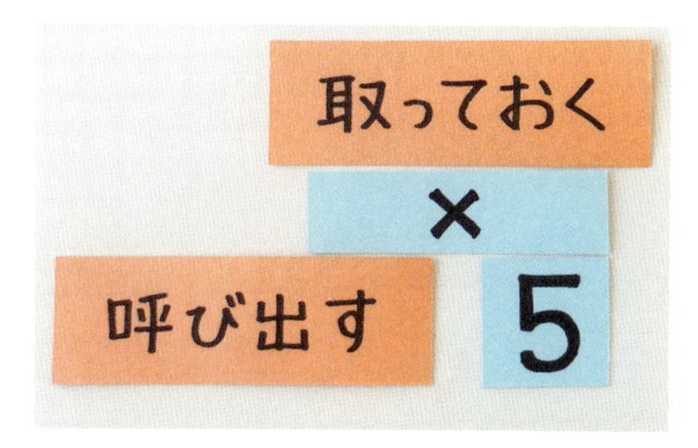

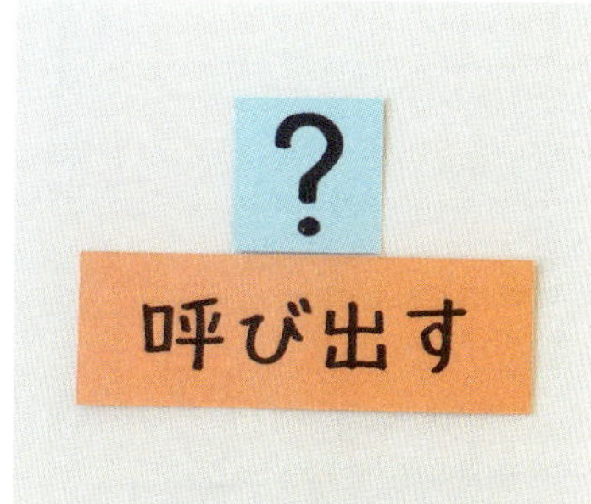

とすればいいんじゃない？　数を掛けるのはさっき用意したから、もう1つのほうにも名前をつけるだけ。

すごいすごい。もうコンピュータの設計者になれるよ。最後のは「表示する」という名前にしようか。

そういうことなの？　コンピュータの設計って。

そう。センスあるよ。
いま、回路の並び方に名前をつけたけど、今度はこれを別のカードで表すよ。たとえば（（2＋8）＋3）×5という計算を考えてみよう。

5枚のカードを並べて計算できるようになったよ。こんな感じで、けっこういろんな計算ができるようになるね。

……。

でも、これだけじゃまだできない計算もあるんだ。たとえば、(3＋4)×(1＋2)とか。

まず3＋4は「3を取っておく」「4を足す」。次に1＋2は「1を取っておく」「2を足す」。あれ、取っておいたものと取っておいたものを掛けている。どうしよう。

これを解決するにはいろんな方法があって、それぞれコンピュータの設計が違ってくるんだ。だから、ここが変わるとこの先はガラッと変わっちゃう。まあ、もっと先に行くと結局同じことなんだけどね。

違うの？　同じなの？　どっち？

話を先に進めたほうがわかりやすいかな。コンピュータには**メモリ**というのがあるのは聞いたことがあるかな？

よく聞くよ。メモリが大きいと写真や音楽をたくさん入れられるんでしょ。

まあ、それだ。メモリというのも数を「取っておく」ための装置なんだけど、計算はできないんだ。純粋に取っておくのと呼び出すことだけしかできない。まぎらわしいんでメモリは「書き込む」「読み出す」という言い方にしようか。

そうなんだ。

メモリに対しては「どこに書き込む」「どこから読み出す」という「どこ」という場所を指定する必要があるんだ。場所も数字で表すよ。住所みたいに「52番地に書き込む」という言い方をするね。

番地？

最初にやったトランプの並べ替えを思い出してみようか。

裏にして数字を見ないように並べ替えたやつだね。

机の上にカードを置きました。それをコンピュータの中で表すには？

計算だけかと思ったら、急に難しくなった……。

机の上のカードは全部表だけど、重ねて置くことはできないよ。それから、カードが置ける場所にメモリの番地をつけるんだ。

じゃあ、そこにハートの5がある場合は？

たとえばそこが34番地だとすると、34番地のメモリには5が書いてあるということ。カードが3、5、2、1、4と並んでいるのであれば、こうやって、番地に3、5、2、1、4という数を入れるよ。カードが「ない」ことも数で表さなければいけないから、そこには0を書いておこう。

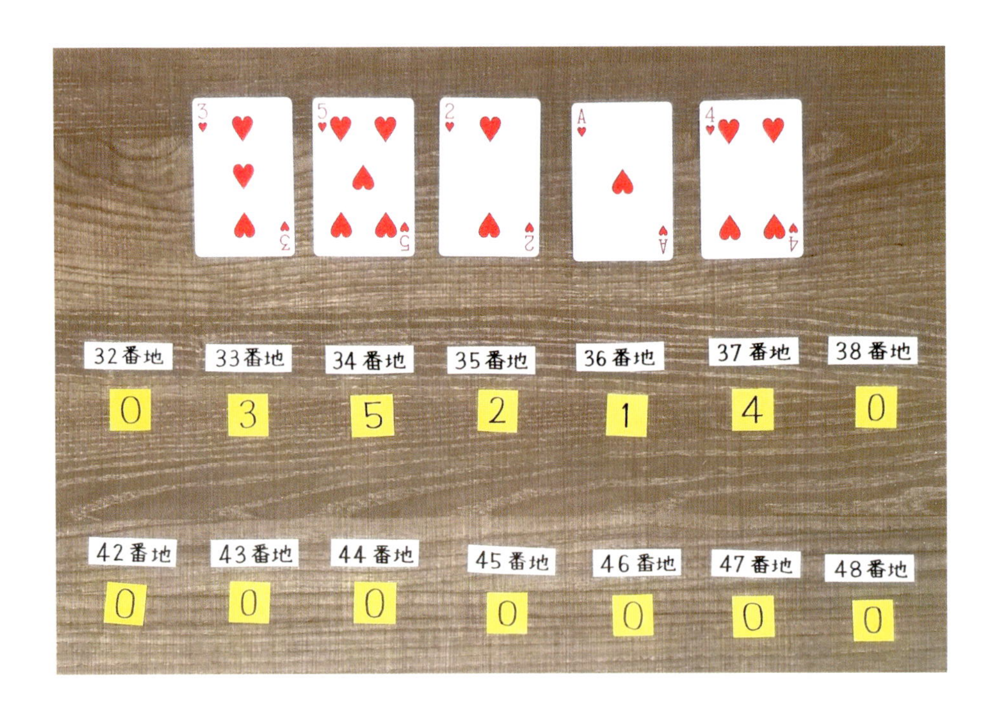

ハートじゃなくてスペードの5だったら？

ああ、ハートとスペードを区別するんだったら、たとえば100の位を使って、ハートの5は105、スペードの3は203のようにしなきゃね。どの数を何に対応させるかは、勝手に決めていいんだよ。
メモリと番地のことは少しわかったかな？

なんとなくかな。

これで、(3＋4)×(1＋2)の計算ができるようになったよ。
とりあえず、計算の途中はメモリのどこかに書いておこう。

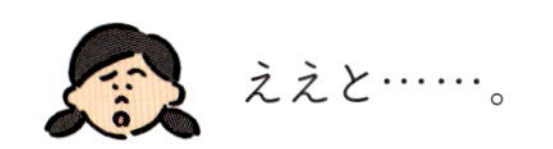

ええと……。

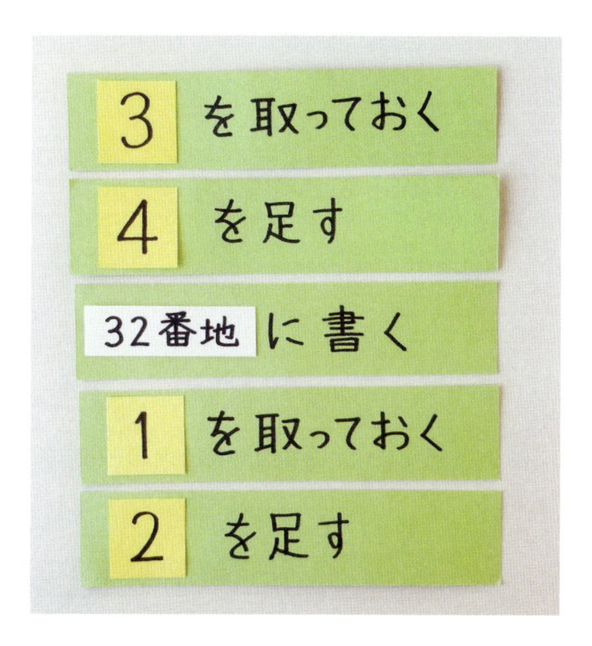

あれ、どうやって32番地から読み出して掛ければいいの?

掛け算や足し算は決まった数だけでなくて、メモリの番地から読み出した数も掛けたり足したりできるようにしなければね。

そんなことができるの?

そういう回路のつなぎ方を作って、それに名前をつけるんだ。

そうしたら、こういうこと？

32番地 の数を掛ける

そうそう。そういうこと。

でも、そうやって勝手に増やすことができるのってずるくない？

そうだね、増やすにはその分回路が必要だから、ちゃんと何度も使われるようなものだけ増やすようにしないとね。

なるほど。これで、メモリのいろんなところに計算の途中結果を書き込んでおけばいいから、本当にいろんな計算ができるようになるんだね。

そのとおり。今日はすごい進歩だよ。

ケーキは冷蔵庫？

ああ……。勝手に出して食べてていいよ。

回路につけた名前を「命令」と呼びますが、ここでは人間にわかりやすい名前をつけていました。ですが本当は、コンピュータがわかるように、文字ではなく数字で名前をつけています。

たとえばこんな感じです。2桁の数で表すとして、10の位には、足し算なら1、引き算なら2、掛け算なら3、取っておくなら4を、1の位には直接数を指定します。「表示する」はそれらとは違う数01を割り当てることにしましょう。すると、((4＋2)＋3)×5の計算は、次のような数字の列になります。

4を取っておく	44	44 12 13 35 01
2を足す	12	
3を足す	13	
5を掛ける	35	
表示する	01	

「52番地に書き込む」のように番地が1桁で足りない場合は、2つの数字を使います。「～番地に書く」が80ならば、「80 52」で「52番地に書き込む」という命令です。このような命令の列もメモリの番地に順番に入れられています。たとえば23番地には44、24番地には12、25番地には13が入っていて、「23番地から実行」という別の命令でこの命令の列が動き出すとします。ところがここでの12は「2を足す」という命令ですが、4×3の答えも12です。どちらの12もメモリに入れてしまうと、コンピュータは命令の12なのか、計算結果の12なのか区別ができません。

この変な性質のおかげで、コンピュータはかんたんな仕組みだけどすごいことができる装置になりましたが、同時に、ちょっとした間違いや手違いでコンピュータが変な動作をしたり、その結果ウイルスに感染したりしてしまうのです。

「23番地から実行」は、命令を実行する番地を切り替える命令ですが、これも2つの数字「90 23」のように表現されています。これを命令の列の最後に置いて、前の番地に戻るようにしてみます。

23番地	4を取っておく	44
24番地	2を足す	12
25番地	3を足す	13
26番地	5を掛ける	35
27番地	表示する	01
28番地	23番地から実行	90 23

これで、23番地から27番地までの命令を何度も実行することになります。

さらに、その番地を変える命令に「0だったら」といった条件がつく場合もあります。

23番地	4を取っておく	44
24番地	2を足す	12
25番地	3を足す	13
26番地	5を掛ける	35
27番地	表示する	01
28番地	0だったら23番地から実行	91 23

「0だったら23番地から実行」は、レジスタに入っている数が0の場合だけ、23番地から実行することになります。これで、決められた回数で繰り返したり、状況に応じて切り替えて実行したりできるようになります。実はここが1番コンピュータらしい部分なんですね。

説明をかんたんにするため、命令に対応した数を10進法で表現しましたが、実際にはここも2進法で表現されています。10の位で区切るのではなく、2進法の3桁、4桁で区切って名前がつけられています。

第6章

プログラミングって どんなもの?

おはよう、かなちゃん。元気なさそうだけどどうしたの？

はかせ、おはようございます。だんだん、はかせの話が難しくなってきて、ちょっともうそろそろいいかなぁー、って感じなんですけど。

いやいや、これから面白くなってくるから、もう少しの辛抱だ。

ふわーい。

前回やったのは、いろんな回路の並びに名前をつけたことだ。メモリも出てきたね。そこまでは大丈夫？

なんとなく、だけど。

この回路の名前のことを**機械語**と言うんだ。コンピュータが直接わかる言葉ということで、機械語。機械語はコンピュータを最高速で動かすための命令とも言える。

最高速？！

それから機械語の命令を並べたものを**プログラム**、そしてプログラムを作ることを**プログラミング**と言うんだ。

へー。それをプログラミングっていうんだ。

そうだね。機械語はそれでも多少は人間にわかりやすいような工夫はされているのだけれど、やっぱり難しいし、作るのが面倒だよね。たとえば、4＋2を2つの命令「4を取っておく」「2を足す」に分けなきゃいけないとか。

ああ、やっぱりはかせでも面倒なんだね。そういうのが好きなのかと思った。

それからもっとたいへんなのは、ほんのちょっと何かを間違えたとしても、コンピュータ自身は間違えたことにまったく気づけないんだ。

間違えるってどういうこと?

たとえば、料理を作ってて黒焦げになったら、何かが間違っていたってことぐらいはわかるよね。

もちろん。水が足りないとか、火にかける時間が長すぎたとか。

ところが、コンピュータは黒焦げになっていることに気づかずに炒め続けるんだ。よくありそうな間違いでも、コンピュータにとっては間違いかどうかまったくわからないんだよ。まあ、機械語が極力余計なことをしないから最高速で動けるんだけれど。

それなら、別にそんなに速くなくてもいいような気がしてきた。

そう。それから単純な式だったらそのまま足したり掛けたりする命令を順番に並べていけばよかったけど、複雑な式を計算させるときは、計算の途中をメモリに取っておいたよね。

うん。難しかった

取っておく数が1つくらいならできそうだけど、もっと複雑な計算になったらどこか間違えちゃいそうだよね。どういうときはそのまま計算できて、どういうときはメモリを使うのか、とか。頭を使うね。

ああ、間違えないでやる自信はないなあ。

最初にトランプで遊んだとき、必勝法の話をしたのを覚えているかな?

それどおりにやれば誰でもできるやり方だったっけ。

そう。同じように、人間が書いた式からそれを計算する機械語を作り出す必勝法を考えてみよう。
考え方のポイントは、無駄な機械語がいっぱい出てきても気にしないということ。節約を考えると間違えやすくなるんだ。無駄があっても動きが遅くなるだけだけど、計算を間違えたらそもそもコンピュータにやらせる意味がないからね。

急に難しくなったね。

これまでの計算だと毎回答えが同じでつまらないし、ここからは式に変数を使えるようにしようか。

変数って、xとかyとかのこと？

そう、変数もメモリを使うんだ。xは43番地、yは44番地という具合にね。
それで、機械語のプログラムを動かす前に、メモリにxやyの値を書き込んでおく。そうすることでプログラムは同じものでも毎回違う計算ができるようになるよ。

ああなるほど。そうやって使うのか。

もう1つ。いままでは計算の答えを表示していたけど、答えは次の計算のために変数に書き込むことにしよう。たとえば$z = x + 2$は、変数xの値に2を足してそれを変数zに書き込むということだよ。

はーい。

じゃあ、$z = (x + 4) \times y$はどうしようか。変数xを43番地、yを44番地、zを45番地にしよう。

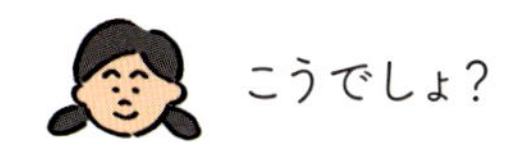

こうでしょ？

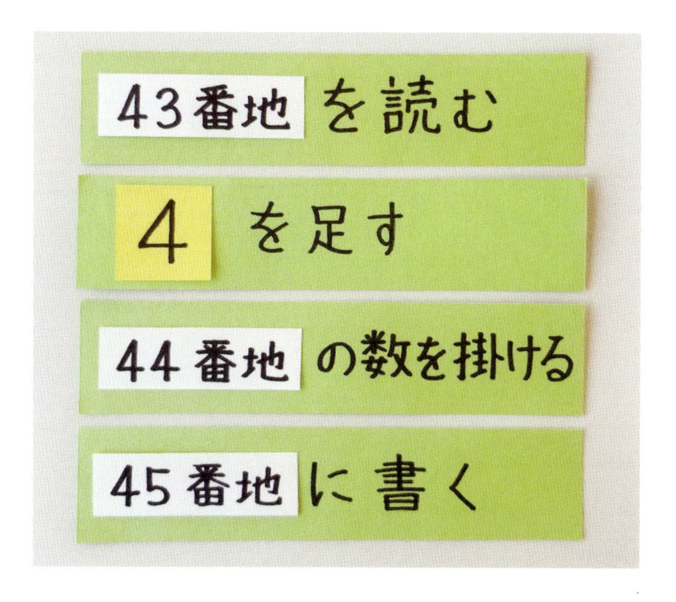

そのとおり。では、$z=(x+4)\times(y+2)$ の場合は？

$x+4$ や $y+2$ の計算をメモリに書き込んで、それを呼び出して掛ければいいよね。

そうそう。でも、どういうときにメモリを使って、どういうときは使わなくていいかって考えるのがたいへんじゃない？

うーん。

そこで、いままでメモリを使わなかったかんたんな式も、一旦、全部メモリを使う形にしちゃうんだよ。つまり、「メモリから読んで、何か計算して、メモリに書く」という形にしちゃう。

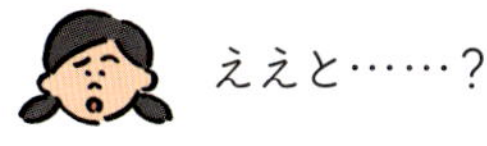

ええと……？

式で書いたほうがいいかな。メモリに取っておくというのは、別に新しく変数を使うと考えるんだ。たとえば、$z = (x + 4) \times y$は、新しく変数vを使って次の2つの式にできるよ。

$$v = x + 4$$
$$z = v \times y$$

2つの式はなんだか似てる。

そう。変数をたくさん使えば、どんな複雑な式でもこの

＜変数＞＝＜変数＞＜四則演算子（＋－×÷）＞＜変数か数＞

を並べたものにできるよね。

ああ、なんか前にも同じパターンがあった。

そうそう。2＋4の計算に名前をつけるんじゃなくて、「2を取っておく」「4を足す」の2つに分解したよね。それと同じで、無駄になってもいいから同じ形にするほうを選ぶんだ。
じゃあ、

$$v = x + 4$$
$$z = v \times y$$

を機械語に直してごらん？　vは32番地にしようか。

最初の式は

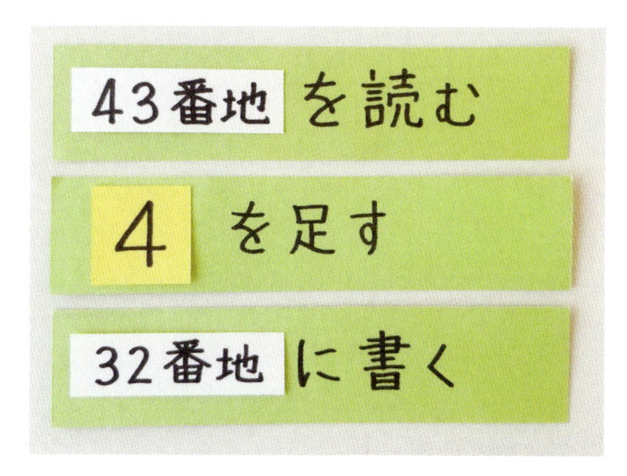

次の式は

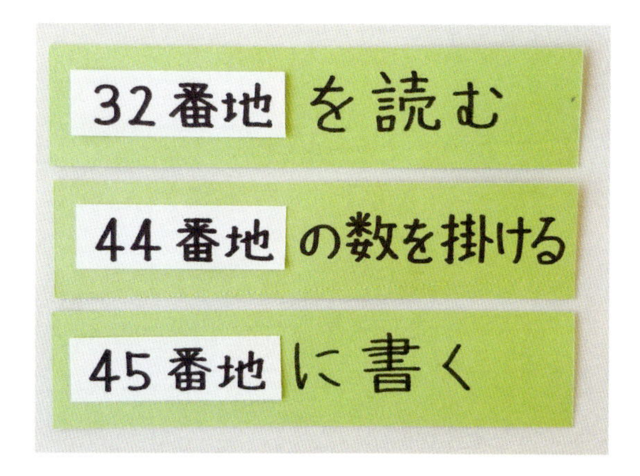

ということじゃない？

いいね。これをつなげると、32番地に書いてすぐに読み出しているよね。ここが無駄だけど、それは後で考えるとして。

うん。

それじゃああらためて、z＝（x＋4）×（y＋2）の式は？

まず$x + 4$を先に計算するから、$v = x + 4$。次に$y + 2$を計算するけど、変数はどうすればいい？

じゃあuにしようか。

そしたら$u = y + 2$。最後はその2つの変数を掛ければいいから、$z = v \times u$ということでいい？

いいね。3つの式は機械語に直せるね。

こうだね？

よしよし。じゃあ、最後の仕上げとしては、無駄なやりとりを削除する方法。

えーと……。最初の例のz＝（x＋4）×yは、

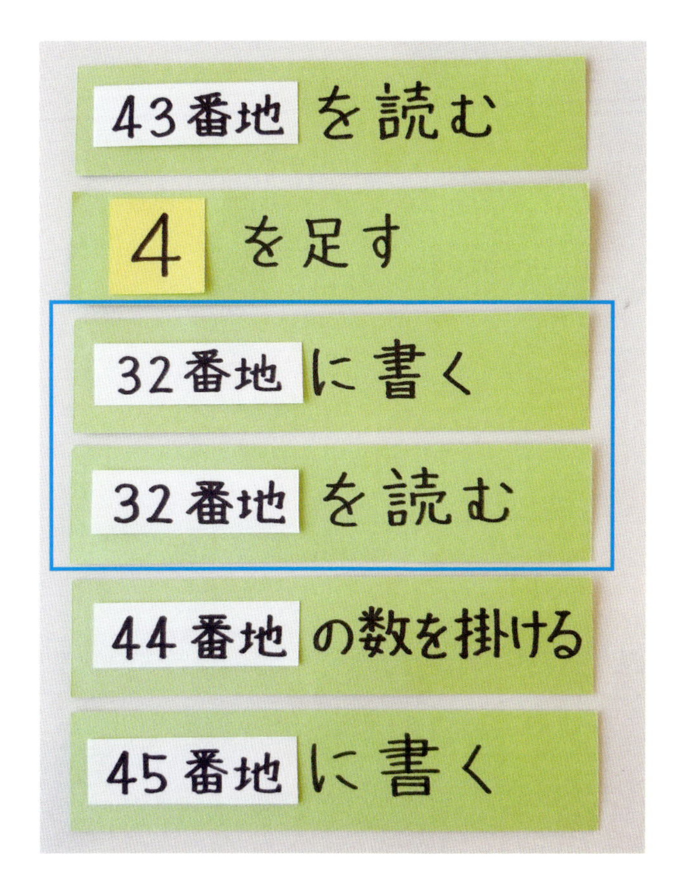

この32番地に書いて、すぐに読んでた。

本当は、この書いた32番地がほかでも読んでいないかを最後まで調べなきゃいけないんだけど、使っていなければこのやりとりは削除できるよ。

こういうことだね。

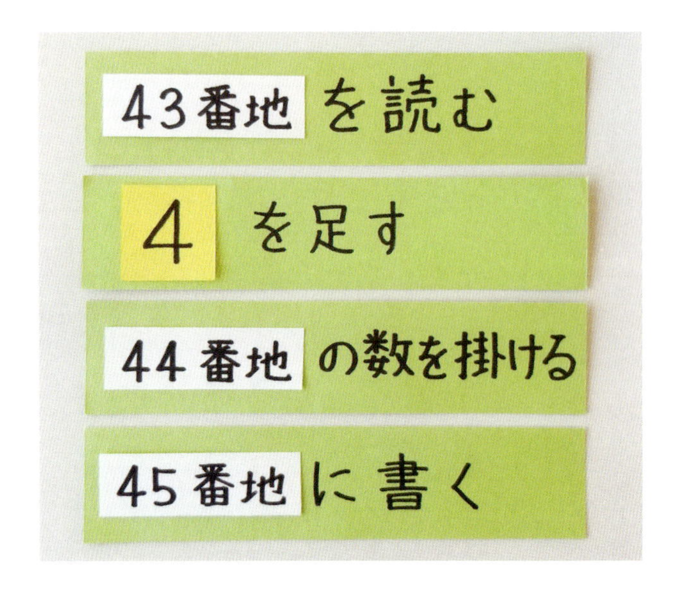

ということで、式から機械語に変換する必勝法ができたね。

あ、必勝法を作っていたんだった。

この方法だと、式が複雑になるほど新しい変数が必要になるね。ただ、ほとんどの変数は1回読んだらすぐに使わなくなるから、うまい仕組みで、メモリを使い回すように割り当てたりするんだ。それでメモリを使い切ることはない。

ちょっとできそうに思えてきた。

あとは細かい話だけど。v×uとu×vは掛け算の順番を入れ替えても答えは一緒だよね。うまく入れ替えてから機械語に変換してみたら、さらに削除できるところが見つかったりするよ。パズルみたいだね。

楽しくなさそうなパズルだね……。

さて、式から機械語の並びを自動的に作り出すことができたよね。この必勝法ができたということは、なんと、この作業はコンピュータのプログラムとして動くということだ。これには**コンパイラ**という名前がついている。メモリに式を書いて、コンパイラを動かしたら、メモリの別の番地に機械語が作り出されるよ。

式もメモリに入れられるの？

かんたんに言うと、カッコ、アルファベット、数字、＋などの記号を、1文字ずつ数字に対応させてメモリに入れておくんだ。カッコは10、xは20、yは21、といった対応にする。1番地に1文字ずつ入れていくといいんだ。コンパイラは機械語で作られたプログラムで、メモリにある文字を読んで機械語を生成するよ。

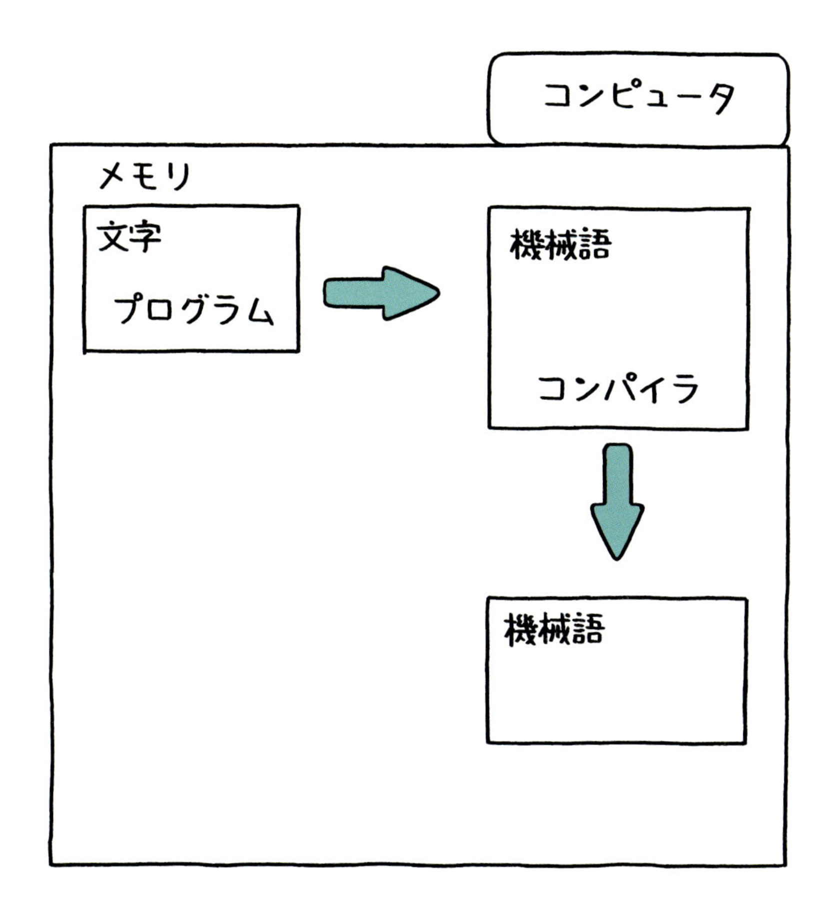

なるほど。

それから、今日は式だけで説明したけれど、本当はもう少しいろいろな書き方の決まりも用意されている。繰り返して計算するとか、計算式そのものに名前をつけてその名前で呼び出すとかね。そういった書き方のことを**プログラミング言語**と呼ぶよ。コンパイラはそこまでも含めて機械語を作り出してくれるんだ。

なんかすごそう。

まず、プログラミング言語でプログラムを書くと、それをコンパイラが機械語に自動的に変換してくれるんだ。その機械語でコンピュータが動く。コンパイラはコンピュータの上で動いているんだけど、コンパイラとコンピュータをセットで考えるとどのように見えると思う?

うーん。どういうこと?

プログラミング言語が動く新しいコンピュータができあがったということ。

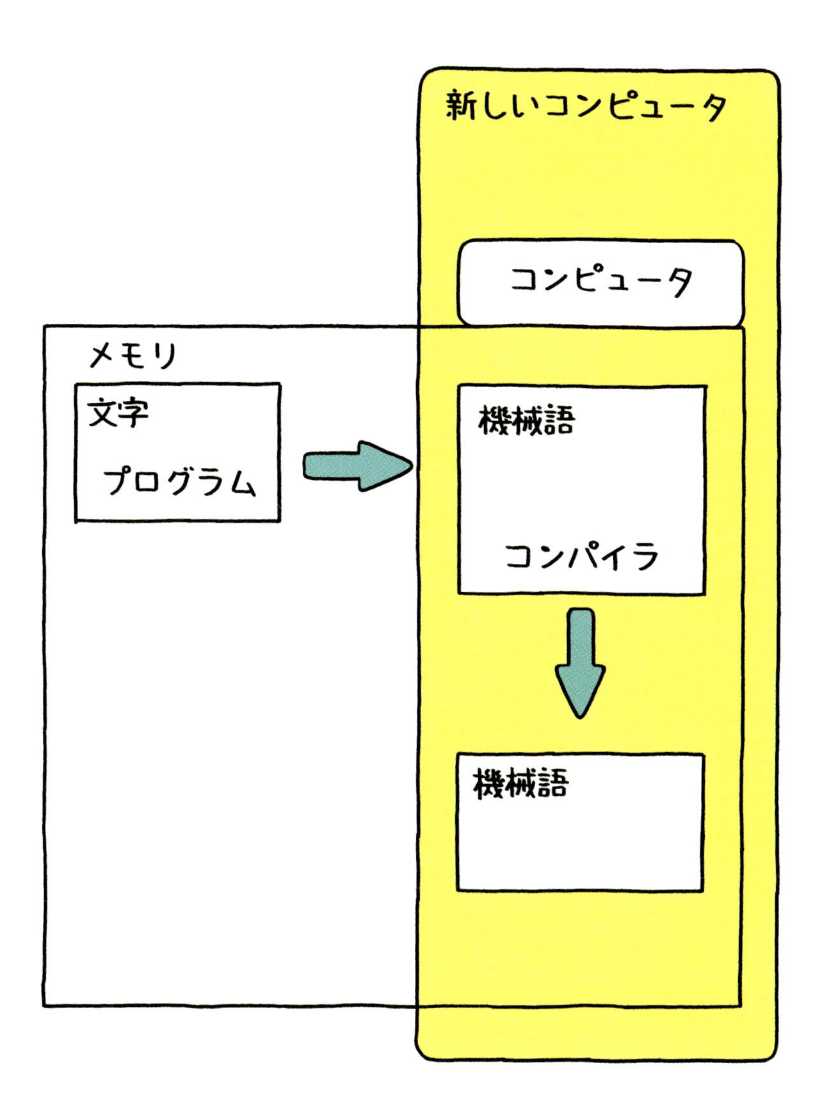

わーお。

ただし最高速の機械語に比べて、コンパイラが動く時間や、無駄な動作が混ざるかもしれないから、ほんの少し遅くはなるんだけどね。そして、機械語を直接作るよりも間違えにくいし考えやすいよね。

コンピュータのイメージがまた変わったというか、元々のイメージに近づいたというか。少しつながってきた感じがする。

こうやって一段上で考えることができるようになると、それを使う人間ももう少しぜいたくができるようになるよ。機械語で考えていたときは「どうやって計算するか」が重要だったけど、式で考えたら「何を計算するか」ということに変わる。「どうやって」の部分はコンパイラがやってくれるからね。

……。

さらにもう一段上を考えることができる。式で考えるのは少し難しいから、何かから自動的に式を作り出す方法とか。人間がコンピュータにやらせたい「何か」って、人間の頭の中では式じゃなくてもっと違う指示をしたくなるよね。

？？？　何かって、何？

それは絵を動かすことだったり、音を鳴らすことだったり、なんでもいいよ。

え、これだけで絵を動かせるの？　もっとすごいことをやってるのかと思ってた。

そうだね。あと一歩のところまできたよ。

第5章で、「〜番地から実行」「0だったら〜番地から実行」という機械語もあるという話をしました。それを生成する式のようなものもあります。

「ここからXを繰り返す」という文は、まず「ここから」の番地を覚えておいて、「X」という式を機械語に並べます。そして、「を繰り返す」のところで覚えておいた番地を使って「〜番地から実行」の機械語を追加します。

「もしCならばX、そうでなければY」という文では、等号や不等号を使った式で「C」という条件を表して、C、X、Yを機械語に並べます。そこに「〜番地から実行」「0だったら〜番地から実行」「0より大きければ〜番地から実行」をいくつも挿入して、想定した動きをするような機械語を作り出します。

「ここからXを3回繰り返す」という文は、変数に3を入れて、1つずつ数を減らし、「0だったら〜番地から実行」を使って0になるまで繰り返すように機械語を生成します。機械語の並べ方によっては、変数に3を入れると4回繰り返してしまうかもしれません。複雑なプログラムを作るためには、プログラミング言語にこういった拡張が必要です。

機械語までは、コンピュータの「ハードウェア」という本体の話なので、そんなにいろんな種類はありません。ところが、機械語から上は、プログラムを切り替えればどのようにでも変化するので、とても種類が豊富で、さらにそのプログラミング言語を使って別のプログラミング言語が作られたりします。

たとえばC++という言語は効率の良い機械語を作るのが得意です。スマートフォンやゲーム機の中身とか、とにかく性能を稼ぎたい用途に使われます。その代わり、細かな決まりごとがたくさんあって、手軽さはありません。

Ruby、Python、PHP、Perl、JavaScript、ActionScriptといった言語はC++を使って作られています。C++の欠点を補って、プログラムを作りやすくするのに徹しました。どれもWebサービスによく使われますが、Pythonは最近人工知能の開発でも注目を集めています。最近小学校などで使われているScratchはJavaScriptで作られています。

博士が作ったViscuit（ビスケット）という言語はActionScriptで作られています。図の右側を見てください。メガネのような形がViscuitのプログラムで、「メガネの左側の絵を右側の絵に変える」という仕組みです。

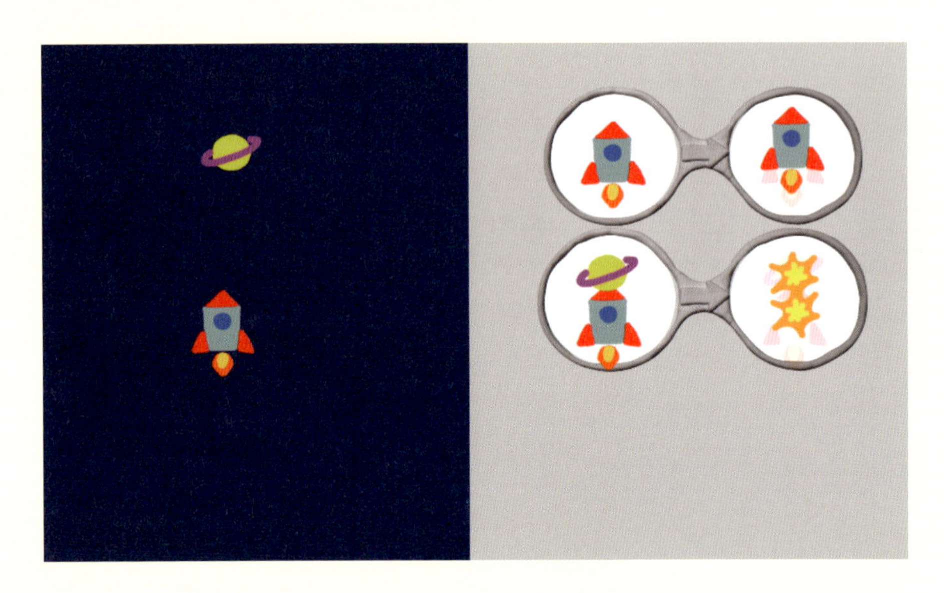

上のメガネは「ロケットは上に進む」、下のメガネは「ロケットと星がぶつかったら、爆発する」という意味で、ロケットが下から上に進んでいって、星とぶつかったときに爆発するプログラムになります。

Viscuitでは「繰り返す」「もし～なら」という命令が隠されています。プログラムの外側に「繰り返す」が省略されていて、メガネは繰り返し動きます。上のメガネで、1回の動きは左右のロケットの座標のずれだけ変化しますが、それが「繰り返される」ので上にずっと動きます。下のメガネは左側にロケットと星がぶつかったように並んでいますが、これが「もし～なら」の条件になり、「もしロケットと星がぶつかったら」のように機能します。

メガネに絵を並べただけですが、そこから式が取り出され、「絵」－「ActionScript」－「C++」－「機械語」と何段ものプログラミング言語を経由して動いています。

第7章

コンピュータと作る世界

だいぶコンピュータの仕組みがわかってきたんじゃないかな。

全然だよ。コンピュータのことなんてまだ全然わかっていないし、わからないことが多すぎる。

どこがわからないの？

えー。たとえば、どうやってこのスマホのゲームは動いているの？　計算とかメモリとどう関係があるの？

そうだね。式で計算ができるまではわかったから、あとはどうやっていろんなことを計算に置き換えるかって部分かな。それはそんなに難しくはないんだ。たとえば、画面で絵がなめらかに動くでしょ。画面を拡大して見てみると点がいろいろな色で光っているだけなんだけど、どこを何色で光らせるかをすごい速さで切り替えているんだよね。

光の点は見たことがある。

画面の場所とメモリの番地が対応しているんだ。まず、1000番地に数を書くでしょ。すると画面の左上が1点光るんだよ。何色で光るのかはどんな数を書いたのかで決まる。1001番地はその隣の点。1002番地はさらに隣の点。この光る点のことを**ピクセル**と言うよ。

点だけで？　文字や写真も出せるの？

文字は光っている点が並んでいるだけだよね。だからここに「あ」という文字を出したければ、「あ」を拡大してどこを光らせて、どこは暗くするかというのを順番にメモリに書いているだけ。写真もよく見たらいろいろな色で光っている点なんだよ。この魚の写真も拡大すると四角い点が違う色だよね。

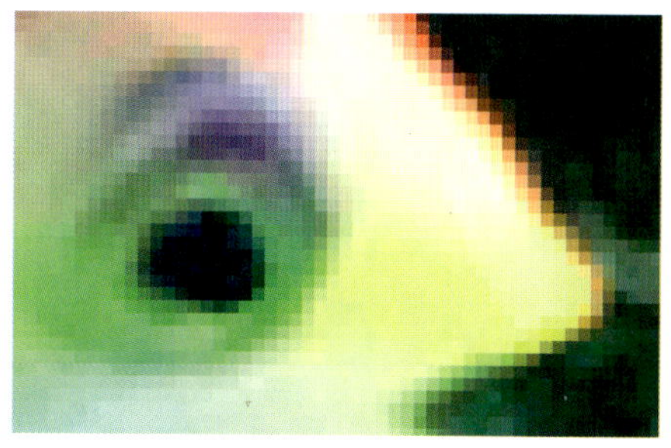

小さな点がたくさんあってなめらかに見えるんだね。でも、スマホでページを開いたらすぐにたくさんの文字や写真が出てくるよ？

僕たちには一瞬だけども、コンピュータからするとメモリの１つひとつを順番に何色で光らせるかを決めてその数字を書いているだけなんだ。結局それは式なんだよ。いまのコンピュータは一瞬の動きだからわかりにくいけど、昔のコンピュータは動きが遅かったから、点が書かれていくのが見えたよ。僕が初めてコンピュータの画面で写真を見たときは、画面の上から少しずつ写真が見えてきて、全部表示されるのに10秒くらいかかったかな。コンピュータががんばって動いている感じがした。

がんばっている感じ。
光で文字を作ることはわかったけど、光の色はどうやって決めるの？

これは画面を表示させる回路の作り方で決まるんだけど、**光の３原色**というのは聞いたことがあるかな？

赤と青と黄色？

それは絵の具の３原色だね。光は赤と緑と青。画面をよくよく見るとこの３色で光っているんだ。白く光っている部分は赤と緑と青が全部光る。赤が消えて緑と青だけになったら、そこは水色に見えるよ。

絵の具の3原色

光の3原色

どんな色でも作れるの？

うん、だいたいどんな色でも作ることができる。光り方も1番明るく光る場合、薄く光る場合、まったく光らない場合、というように3原色ごとに明るさが何段階もある。これで大体どんな色にでもなるよ。明るさを10段階で、まったく光らない場合を0、1番明るく光る場合を9として、3つの色だから3桁の数で表すよ。100の位は赤、10の位は緑、1の位は青。000は全部消えているから黒。900は赤だけが光っているから赤。990は赤と緑が光っているから黄色で950は黄色が薄く光っているのでオレンジとかね。実際には色の段階はもっと細かくて、1600万色くらいなのが多いよ。これは2進法では各色を8桁ずつ、全部で24桁で表すんだ。

面白そう……！　じゃあ、絵が動いて見えるのは？

動いて見えるのはもっとたいへんだよ。最初に1000番地の点を光らせる。次に、その点を消して隣の1001番地の点を光らせる。さらにその点を消して隣の1002番地の点を光らせる。これで点が横にちょっと動いて見えるよ。

点が動いて見えるだけ？　動画は？

写真を高速に切り替えて表示して動画にしているんだ。だから動画が見れるようになったのは写真よりもずっと後なんだよ。写真を1枚表示するのに10秒もかかってたら無理で、まずはパッと写真が表示されるくらいにコンピュータが速くならなくちゃ。それができて、今度は写真を次々と切り替えてみせるから動画になる。でも、動画がかんたんに見れるくらいに速くなると、コンピュータががんばって動いている感じは消えちゃったね。仕組みがわかりにくくなった。昔の遅いコンピュータがゆっくり写真を表示していたほうが、メモリに書いたら画面に出るということがわかりやすかったかもね。

何でもできそうだけど、すごくたいへんそう。

やっていることはすごくたいへん。だけど、高速に動いているからたいへんに見えないっていうか。もちろん、これを全部機械語で順番にメモリに書いていくって考えるんだったら、たいへんなままなんだけど。コンパイラのおかげで式を書けば動くようになったし、プログラムって誰かが作ると、それをコピーすれば誰でも使えるようになるから。少しずつ便利なプログラムができていって、どんどん楽に、それから高度になっていったんだ。一気にすごくなったわけじゃないんだよ。

ふーん。じゃあ、音は？　どうやって鳴っているの？

音はメモリの1つの番地だけでいいね。たとえば800番地がスピーカーにつながっている。スピーカーには電磁石が付いていて、800番地に書かれた数に応じて電磁石に流れる電流が変わるとしよう。すると、電磁石が動いてスピーカーの紙が飛び出したり引っ込んだりする。数によって飛び出し方が変わるし、この数を少しずつ増やしたり減らしたりすれば、好きなようにスピーカーの紙を動かせるよね。これをすごく速く、だいたい1秒間に1000回くらい出したり引っ込めたりすると、音になって聞こえてくるんだ。なめらかに動かしたときとギザギザに動かしたときで出てくる音色が違うし、数の変化が少ないと動く幅も小さくなるから小さい音になるし。いろんな数をメモリに書いていくだけで、どんな音も鳴らすことができる。

2つの音を同時に鳴らす場合はどうするの?

いい質問だね。ある数の列を順番にメモリに書いていって音を出したとするよ。たとえば、「1 2 3 4 3 2 1」という数の列。実際には1秒間に2万個くらいの数を書き込むから、1万個の数字があっても0.5秒しか音は鳴らないけどね。もう1つ別の数の列、たとえば「5 6 5 6 5 6 5」としようか。これで別の音が鳴る。そのとき、それぞれの列の先頭から順に2つの数を足したもの(1+5、2+6、3+5、4+6、3+5、2+6、1+5)をメモリに書いていくと、なんと2つの音が同時に鳴っているように聞こえるんだよ。足し算を何度でもすれば、いくつの音でも同時に鳴らすことができる。これはすごいよね。70人くらいのオーケストラの音も、この仕組みだけで再現できるんだよ。

すごーい!

画像も、アニメーションも、音も、全部同じことなんだけど、今度は2万個の数をどうやって作るかってことになるよね。かんたんな方法は、カメラやマイクを使って写真を撮ったり音を録音したりして数を作り出すことだ。これだとその数をそのままメモリに書けば、写真を表示したり同じ音を再生したりできる。カメラは光の強さがわかるセンサーがたくさん並んでいて、そのセンサーにレンズで光の像を作って、センサーに当たった光の強さを読み出すんだ。センサーの並びも画像のメモリと同じで、番地を順番に読んでいって、それぞれの点がどれくらいの強さで光っているかを調べられる。マイクはスピーカーと逆だよ。音によって小さな紙みたいなものが振動して、その振動を電流にしてその電流の大きさを高速で読みとって数に変えている。

意外と単純なんだね。

そう、原理は単純。ただ、それがすごく小さくて量が多かったり高速だったりするから、集めたらすごいってだけ。音だと、1秒間に2万回、いい音用だと20万回読み取るし。スマホのカメラに画素数というのがあるでしょ。2000万画素とか。これって光センサーが2000万個もあるってことだからね。

すごい数。1つひとつのセンサーが小さいってことだよね。

そう。だからとても綺麗な写真になるよ。
それから、2万個の数字を録音したり撮影したりするだけでなく、コンピュータに計算させても作ることができる。まず計算式を考えて、その計算でできた数をメモリに書いていくんだ。CGとか、電子楽器とかね。どちらも昔は、いかにもコンピュータが作った絵や音って感じだったけど、いまは本物っぽい絵や音が出るようになった。どんどんいろんな計算方法が発明されていったからね。でも、基本は足し算と掛け算を高速でものすごい回数やっているだけなんだよ。

そうなんだ。そういえば昔の映画のCGをちょっと見たことがあるけど、やっぱり不自然だったなあ。昔のゲーム機もピコピコした音だった。
なんか、いままではただ足し算と掛け算しかやっていないと思っていたのに、いつの間にか何でもできるような気がしてきた。でも、やっぱりたいへんだよね。

式が複雑になっていったということもあるんだけど、もう1つの大きな秘密は、コンピュータを作る技術がどんどん進化してきたということもあるんだ。マイクロチップの中に入れられる回路がどんどん増えて、どんどん速く動いて、値段も安くなってきた。だいたい、1年半で回路の数が2倍になるような進化だね。昔は回路を節約しようと思っていたけど、逆にどんどん回路を増やして計算を速くするように変わってきたんだよ。1年半で2倍というのはものすごい進化のしかたで、これが50年くらい続いたら、億の単位になるんだよ。

全然想像がつかない……。

たとえば、いまは、3Dの時代だよね。こういう立体に見える絵って、昔は1画面を計算で作るだけで1時間くらいかかったんだよ。そのときは、コンピュータがもっと速くなったらすごいゲームが作れるのになぁって思っていたけど、いつの間にかスマホでもできるようになっちゃったね。

そんなに遅かったんだ。

1時間くらいかかっていたのは、1点1点が光る色を機械語の組み合わせで計算していたからだけど。ところが、3Dの計算といっても違う計算をたくさんやるんじゃなくて、まったく同じ計算を違う数に対して何万回もやる、ということなんだ。だから、なんかうまくやる方法がありそうだよね。

うまくやる方法?

回路を増やすんだよ。たとえば、5000番地からの1000個の数と、6000番地からの1000個の数を足して、その答えを7000番地からの1000個に書く、ということをやりたいとしよう。機械語でやると、読んで、足して、書いて、という1組の足し算を1000回やらなきゃならないよね。

そう、そう思った! だから、何万個という数が出てきたときすごいと思ったの。

ところが、足し算の回路を1000個用意して、それらが一斉に計算してくれたら、1回の計算時間で1000回の足し算ができるよね。

わお。そんなことができるの?

もちろん、ほかにもいろんな発明が必要だけどね。結局マイクロチップの中にたくさんの回路を入れられるようになったから、いろんなアイデアでこんなことができるようになったってこと。

それはすごい。

さあ、これでコンピュータの仕組みについてだいたい説明が終わったよ。これでかなちゃんの宿題、未来はどうなるのか、について考えることができるようになった。

コンピュータがどうしてすごいのかはわかった気がするけど、でも未来については……。

コンピュータのことを知らなかったときの未来予想と、コンピュータのことを知ってからの未来予想。何が変わった？

ええと、あてずっぽうじゃなくなったかも。当たる可能性が0じゃないというか。

当たるかぁ。いろんなすごいこと、たとえばスマホで派手な3Dのゲームができるとかって、最初からこういうゲームのためにコンピュータが発展してきたわけではないよね。コンピュータの発展はもっと一般的だった。コンピュータの性能が上がったということは、「特定の何か」ができるだけじゃなく、「いろんな何か」ができるようになったということなんだ。つまり、いま僕たちがコンピュータでできることというのは、本当はコンピュータでできるいろんなことのごく一部だけを見ているということだよね。

あ、そうか。本当はもっといろんな可能性があるんだね。

たぶん、僕らがいま想像している可能性に対して、本当はその何億倍も可能性があった、ということなんだと思う。これまでもずっとそんな感じだったから。「本当」というのは未来の人がいまを見たときに、ということね。

それほどまでに。

コンピュータがなかった頃の未来予想はかんたんだった。技術の進化が少しずつ起きていたから、いまある技術の延長線を考えればよかったんだ。この道はどこに続いているんだろうかって考える感じ。

なるほど。

ところが突然道がなくなって草原になった。どこでも自由に歩けるんだよ。そもそもどこに続いているかとか考えることが無意味だよね。どこにでも行けるんだから。それより、「君はどこに行きたい？」ということが際立ってくる。

行きたいところかあ。

遠くに山が見えて、その山に登るのが目的だったら割と歩きやすいよね。たぶん、3Dゲームがスマホでできるというのは、昔に見えた山の1つだったんだと思う。

ゲームがそんな風に見えてたんだ。

でも、どこかにもっとすごい宝物が落ちているかもしれないよね。落ちてないかもしれない。山に向かう途中で偶然見つけるかもしれないし、実際、ゲーム山への道中ではいままで思いもしなかった宝物が落ちていたしね。いまの人工知能でやっている計算がそうなんだよ。だから、いま草原にいるんだから、どう歩くか、どう探すかは自由なんだ。

で、未来というのは結局どういうことなの？

たとえば30年後に自分はどこに立っているか。遠くに見えている山に登ることを目指している人なら山の上に立っているかもしれないけど。草原のどこに立ってても自由だからね。まっすぐ歩かなくてもいいし。

自分がどう歩きたいかってこと？

スタートはほぼみんな同じ場所からだとして、みんなと一緒に歩くのが好きな人もいるだろうし、人がいないところに行くのが好きな人もいるだろうね。

私はどっちだろう。

他人にものを売ったりサービスしたりする仕事の人は、できるだけ多くの人が集まる場所を予想したいよね。そこに先回りしてお店を開いちゃう。

わあ。

逆に研究者とか冒険家とかは、誰も行かないような場所を探すよね。

1人じゃ寂しいけど、大勢ってのも嫌だな。

そういう歩き方が1番センスいいよ。本当に1人しか行かない場所だと研究が他人に認められることもなくて、亡くなった後に発掘されるだけだし、誰も行きたがらない山に登るだけじゃ冒険家として生活できない。何人かが行きたいと思っているところじゃないと。

わーい。
ところではかせはどう思っているの？

僕がまだ若い研究者だった頃に「コンピュータでこんなことができたらいいな」って思ったものはあるけど、それはまだできていないね。もっと速くなればできるのに、というものではないから、コンピュータの高速化の恩恵は受けずに地味な進化しかできないけれど。たぶん僕が死ぬ前にはできそうな気がするんだ。

わー、気になる。がんばって！

さて、かなちゃんの宿題だけど、クラス全員が違う答えになるわけでもないし、全員が同じ答えになるわけでもないし。未来がどうなるかは、その人のタイプによって変わってくるよね。かなちゃんも、がんばって書いてみてね。

うーん。なんか書けるかもしれない。でも、コンピュータのことを書いたらオーバーしちゃうし……。

＊＊＊

かなちゃんとの対話はこれでおわります。かなちゃんはどんな作文を書いたのでしょうね。

あとがき

　コンピュータは魔法なんかじゃありません。すごいことができますけれど、そこに人類にとっての謎は1つもありません。しかし、実際に動いているコンピュータを触ってみると、どうしてこう動いているのか、不思議というより、想像がまったく及びませんよね。

「機械が押すスイッチ」は本当に単純な仕掛けです。それが何万、何億と集まったものがコンピュータです。海岸に行けば何億個の砂つぶがありますが、それらはバラバラと適当に置かれているだけです。しかし、コンピュータは、何万、何億の部品1つひとつが意図をもって精密につながって作られています。こういったものはあまり見たことがありません。しかも、大量のスイッチが指の爪よりも小さいチップの中に入っていて、さらに想像を超える速さで動いています。そんな途方もないものの仕組みを、外側の動きから想像するというのは、そもそも無理な話なのです。

　コンピュータの仕組みを学ぶためには、多くの専門家がそうしてきたように、コンピュータを直接触ってプログラミングを経験するのが1番良い方法です。しかし、それにはたくさんの時間と、もちろんそれを楽しいと思える情熱がなければなりません。ところが、コンピュータの中身は専門家だけが知っていればいいという時代ではなくなってきました。「ごちゃごちゃしたことはいいから、手っ取り早く教えてよ」といったかなちゃんのような声があちこちから聞こえてきます。

この本を書こうと思ったのは、世の中のコンピュータの入門書がどれもまだごちゃごちゃしすぎているように感じたからです。コンピュータが発展する過程で、形がないものを正確に扱う必要性から、さまざまなものや考え方に新しい名前がつけられてきました。名前だらけです。よくある入門書はその名前の説明に多くのページを割いています。この本はその逆で、新しい名前を極力使わずに、私たちが知っている言葉の組み合わせで説明しようと心がけました。たとえば「アルゴリズム」は「必勝法」、コンピュータの基本部品は「機械が押すスイッチ」と言い切ることで、正確さよりもわかりやすさを重視しました。

もう1つ大事なことは、コンピュータは階層でできているということです。階層が重なって少しずつすごいことができるようになっていきます。これをイメージしやすいように、手で触れるカードやコインなどを使って説明しました。1つの階層は1つの章で解説しています。そして、前の章で何枚かのカードを並べたものが、次の章ではそれを1枚で表して、またカードを並べ直します。読むだけでなくぜひ実際に遊んでみてください。そこにみなさんの想像力が追加されると、コンピュータの中身をさわれたような気がするのではないでしょうか。

しっかりした入門書ならば、この先もっと知りたい人のために参考文献の一覧が用意されているべきかもしれません。ですが、そもそも、この本がそういった文献を集めて書かれた本ではありませんし、知りたいことを探すのが容易な時代ですから、興味がある人はぜひご自身で探してみてください。

コンピュータは本当にたくさんの発明によってできています。その1つひとつの発明はとても面白く、かなちゃんに説明するには、どれもこの本の1章分くらいになってしまうでしょう。また時間ができたらどこかに書いてみようかと思います。

最後に、この本の企画段階から写真撮影までいろいろと協力してくださった、合同会社デジタルポケットの渡辺勇士さんと井上愉可里さんに感謝します。

著者プロフィール

原田康徳（はらだやすのり）

1963年北海道生まれ。1992年～2015年NTTの研究所勤務。プログラミングをかんたんにする研究をしている過程で、その発明を子供向けに応用したビスケットを開発。その後、休日に美大に通ったり、新しい教え方である「ワークショップ」のやり方を学んだりしてビスケットを使いやすく改良した。2015年にビスケットの普及を目指す会社「合同会社デジタルポケット」を設立。各地で子供向けのワークショップを実施するほか、ビスケットの指導者の育成などを行っている。

■ブックデザイン　吉村 朋子
■カバー・本文イラスト　間芝 勇輔
■本文レイアウト　SeaGrape
■編集　山﨑 香

●お問い合わせについて
本書に関するご質問は、FAXか書面でお願いいたします。電話での直接のお問い合わせにはお答えできませんので、あらかじめご了承ください。また、下記のWebサイトでも質問用フォームを用意しておりますので、ご利用ください。
ご質問の際には、書籍名と質問される該当ページ、返信先を明記してください。e-mailをお使いになられる方は、メールアドレスの併記をお願いいたします。ご質問の際に記載いただいた個人情報は質問の返答以外の目的には使用いたしません。
お送りいただいたご質問には、できる限り迅速にお答えするよう努力しておりますが、場合によってはお時間をいただくこともございます。なお、ご質問は、本書に記載されている内容に関するもののみとさせていただきます。

●お問い合わせ先
〒162-0846
東京都新宿区市谷左内町21-13
株式会社技術評論社　書籍編集部
『さわるようにしくみがわかる
　コンピュータのひみつ』係
FAX：03-3513-6183
Web：https://gihyo.jp/book/2019/978-4-297-10459-7

さわるようにしくみがわかる
コンピュータのひみつ

2019年3月15日　初　版　第1刷発行

著　者　原田 康徳（はらだ やすのり）
発行者　片岡　巌
発行所　株式会社技術評論社
　　　　東京都新宿区市谷左内町21-13
電　話　03-3513-6150　販売促進部
　　　　03-3513-6166　書籍編集部
印刷／製本　図書印刷株式会社

定価はカバーに表示してあります。

ISBN978-4-297-10459-7　C3055
Printed in Japan